PROJET DE RÉORGANISATION

DU

MUSÉUM D'HISTOIRE NATURELLE DE PARIS,

Des Musées d'histoire naturelle et des jardins botaniques de la province qui seraient rattachés au Muséum de Paris.

INTRODUCTION.

Depuis un certain nombre d'années, le public et la presse se sont vivement préoccupés du Muséum d'histoire naturelle. A tort ou à raison, on a critiqué l'organisation de cet établissement, son administration, son enseignement, en un mot ses divers services. Chacun connaît tout ce qui a été dit et écrit à cet égard : aujourd'hui ce sont des documents, vrais ou faux, passionnés ou sincères, qui appartiennent à l'histoire.

De son côté, l'autorité supérieure, sous les divers gouvernements qui se sont succédé, reconnaissant elle-même les vices de l'organisation et de l'administration du Muséum, l'insuffisance de cet établissement, tel qu'il est, en face des exigences de l'époque, ou frappée des abus qu'on signalait sans cesse, avait conçu à différentes reprises le projet d'étudier les questions relatives au Muséum, et d'apporter ensuite de sérieuses réformes dans un établissement qui a fait pendant longtemps l'orgueil de notre pays, et qui pourrait être appelé à lui rendre de si grands servi-

1

ces. Par une intelligente mesure elle eût à la fois honoré la mémoire de noms illustres, fait justice des récriminations fausses ou
malveillantes, et donné une preuve de sa sollicitude pour le Muséum et les intérêts nationaux. Le temps, peut-être le courage et
la connaissance des choses lui ont manqué : car, il ne faut pas
se le dissimuler, toucher au Muséum est un acte aussi grave que
de n'y pas toucher !

Enfin, l'année dernière, la commission du budget a cru devoir
rappeler l'attention du gouvernement sur le Muséum, et inviter
M. le ministre de l'instruction publique à prendre des mesures
au sujet de cet établissement. En effet, l'honorable M. Corne s'ex-
primait ainsi dans une partie de son rapport :

« Le Muséum d'histoire naturelle, par ses précieuses collec-
« tions, par l'incontestable savoir de ses professeurs, par les res-
« sources que son enseignement offre à la jeunesse de nos écoles,
« mérite la sollicitude de l'État, et justifie les fortes allocations
« que le budget lui attribue. Mais nous dirons toute la vérité ;
« plusieurs des ministres qui se sont succédé au département de
« l'instruction publique, ont rencontré dans le mode d'adminis-
« tration appliqué à cet établissement, des embarras et des en-
« traves qui résultent de sa constitution trop indépendante du
« pouvoir central. La commission invite M. le ministre de l'ins-
« truction publique à préparer un plan d'organisation adminis-
« trative du Muséum, qui donne au chef de l'instruction publi-
« que, sur l'économie intérieure de cet établissement, sur la ma-
« nière dont les différents cours y sont institués, sur les moyens
« d'assurer la conservation de ses richesses scientifiques, sur
« l'attribution des logements aux professeurs, etc., une autorité
« prépondérante. D'accord en cela avec la Cour des comptes, elle
« insiste pour demander la prompte confection des catalogues qui
« manquent encore absolument aux collections du Muséum d'his-
« toire naturelle (1). »

Notre position et nos habitudes nous commandent le respect
envers l'administration du Muséum, et les diverses opinions qui
ont été émises sur cet établissement ; nous n'examinerons donc

_____

(1) Rapport fait par M. Corne, au nom de la commission du budget,
sur les dépenses du ministère de l'instruction publique (mars 1849).

pas jusqu'à quel point les récriminations sont fondées ; nous ne répéterons même pas ce qui a été dit ou écrit sur le Muséum. Mais il est de fait que le Muséum s'est éloigné de son but; que diverses parties de ses statuts organiques ont été trop altérées ; que certaines mesures sont tombées en désuétude ; que des cours n'y sont pas assez suivis ; que des personnes étrangères au Muséum préfèrent souvent donner leurs collections à d'autres établissements, qui cependant ne présentent pas le caractère important du Muséum ; que le public y voit trop un établissement de curiosité ou un but de promenade ; qu'en un mot, le Muséum n'est pas entouré de toute la considération qu'il mérite, et ne produit pas tous les fruits que le pays pourrait en espérer. Il est facile de trouver les principales causes de cette fâcheuse situation : c'est que le Muséum, comme la plupart de nos autres établissements, s'est développé ; c'est que son organisation a vieilli, n'est plus en harmonie avec les développements de cet établissement, et ne répond plus aux exigences de l'époque; c'est qu'au Muséum il n'y a pas d'élèves obligés ; c'est qu'il ne présente aucun lien avec les établissements analogues de la province ; c'est qu'il ne rend pas à la science, à l'agriculture, à l'industrie, et au commerce tous les services qu'il pourrait leur rendre ; c'est qu'il manque d'unité de vues, de direction, de pouvoir et de responsabilité ; c'est que les attributions de ses employés sont mal définies, et que souvent la position de ceux-ci est trop précaire.

Si les dépenses du Muséum figurent au budget pour plus de 500,000 fr. (1), et si parfois elles se sont élevées à des sommes énormes, cet établissement doit répondre aux sacrifices que le pays s'impose : il y va de l'intérêt, de l'avenir même du Muséum, de la dignité de ses employés et de l'honneur de la France. D'ailleurs, personne ne saurait refuser au pays le droit de demander compte des sacrifices qu'il fait pour le Muséum, et d'exiger les améliorations qu'il croit nécessaires : lui nier ce droit, serait une prétention absurde, ce serait condamner le Muséum et le conduire à sa ruine.

Dernièrement, M. le ministre de l'instruction publique, sur

(1) En y comprenant la partie du budget du ministère des travaux publics qui est relative au Muséum.

l'invitation de la commission du budget et sur la demande de l'administration du Muséum, a nommé une commission pour étudier les différentes questions qui se rattachent à cet établissement. Un pareil sujet offre une vaste carrière à exploiter : il peut à lui seul illustrer et un ministre et une commission qui sauront en comprendre toute la portée ! Rendre le Muséum plus utile, plus digne de la grandeur de la France, tel est au moins le but qu'on doit se proposer. C'est à la commission instituée par le ministre qu'appartient l'initiative des réformes nécessaires, et l'honneur de formuler un projet sérieux, qui réponde à tous les besoins. Mais, vu l'importance et les difficultés du sujet, il n'est peut-être pas inutile que de divers côtés des opinions se produisent : de la multiplicité des idées jaillit la lumière. Qu'il nous soit donc permis, à nous qui portons un intérêt réel au Muséum, de présenter, à titre de renseignements, une note dont certaines parties avaient déjà été soumises à l'examen de l'autorité supérieure ainsi qu'à celui d'hommes éminents. En l'écrivant, nous avions en vue plutôt de répondre au vœu généralement exprimé, que de découvrir des plaies. Si nous ne soulevons pas chez certaines personnes un soupçon fâcheux à notre égard, peut-être nous accuseront-elles de trop de présomption en nous voyant présenter quelques éléments d'un projet de réorganisation du Muséum ; mais aucune considération personnelle ne saurait arrêter un caractère droit, lorsqu'il croit être utile, tout à la fois à son pays et à l'un des établissements les plus importants : agir ainsi, c'est faire preuve de vrai patriotisme, c'est donner à l'établissement et aux sciences un gage réel de dévouement. Nous nous adressons aux esprits élevés : ils ne méconnaîtront pas la pureté de nos intentions, ils comprendront pourquoi le canevas que nous soumettons à leurs méditations n'est pas plus complet, ils l'apprécieront à sa juste valeur. Puisse-t-il, tel qu'il est, devenir utile pour un travail plus approfondi, plus complet et définitif.

Avantages du projet.

Ce projet, loin de présenter le caractère d'un bouleversement du Muséum, ou celui d'un remaniement dicté par des intérêts particuliers, offre, au contraire, des avantages et des garanties pour tous, appuyé, comme il l'est, sur des idées de convenances, d'ordre, d'utilité et de grandeur

D'abord il établit de la régularité et de l'unité dans des établissements qui sont laissés dans l'oubli ou qui tombent en ruine, faute de vie en eux, et d'offrir un intérêt réel aux yeux du public ; en formant un lien entre le Muséum de Paris et les établissements départementaux , il présente des avantages aussi bien aux contribuables de la province qu'à ceux de la capitale ; il donne à tous ces établissements l'importance qu'ils méritent ; il les rend utiles et même nécessaires. Sa réalisation ouvrirait un nouveau débouché à de jeunes intelligences ; elle propagerait le goût des sciences naturelles, montrerait leur intérêt et leur utilité; elle occuperait les esprits à des sujets sérieux, et rendrait de véritables services au pays par les lumières que ces établissements pourraient mettre à la disposition notamment de l'agriculture, du commerce et de l'industrie.

Ensuite, ce projet rassure ceux qui pourraient s'attacher à des questions de personnes ; car il offre ce point capital, qu'il ne porte de préjudice sérieux à aucune position actuelle : au contraire, il relève les fonctions et les fonctionnaires, il fait à ceux-ci une carrière réelle et leur assure une existence honorable jusqu'à la fin de leurs jours.

Enfin, ce projet non-seulement ne complique pas les rouages, malgré la nouvelle étendue des services, mais encore il n'augmente que très faiblement le personnel et les dépenses. Il ajoute au personnel existant, seulement :

1° Un conseil supérieur, dont les membres ne seraient pas rétribués; 2° un directeur; 3° un secrétaire-général ; 4° un ou deux inspecteurs départementaux ; 5° quelques employés subalternes.

Quant au surcroît de dépenses, le budget actuel du Muséum, sans y comprendre les sommes qui sont annuellement allouées pour les constructions et réparations ordinaires, ni celles qui sont extraordinairement allouées pour des constructions, ou pour des acquisitions de terrains, de grandes collections ou des objets d'histoire naturelle d'un prix élevé, etc., le budget actuel varie entre 480,000 fr. et 500,000 fr. (1). Or , une augmentation

(1) Cette dernière somme a même été dépassée avant la révolution de février.

de 25,000 fr., c'est-à-dire un budget de 525,000 fr., suffira amplement pour subvenir à toutes les dépenses. Hé bien! que sont 25,000 francs pour le pays, lorsqu'il s'agit de son intérêt et de sa gloire? D'ailleurs, qui assurerait aujourd'hui qu'une bonne et intelligente administration ne pourrait trouver cette somme de 25,000 francs dans une meilleure répartition du budget actuel, dans la suppression de dépenses inutiles et de doubles emplois, dans des marchés plus avantageux, etc.? Si un budget ordinaire de 500,000 fr. n'était pas suffisant, ce qui est loin d'être démontré, il n'est certainement personne qui élèverait la voix en voyant le budget du Muséum porté à 25,000 fr. de plus, lorsqu'il serait avéré que la somme de 525,000 fr. deviendrait profitable pour les établissements de la province, qu'il en serait fait un emploi réellement utile et digne de la grandeur de la France!

PROJET SOMMAIRE.

CONSEIL SUPÉRIEUR.

L'importance et l'étendue des services du Muséum d'histoire naturelle de Paris, auquel seraient rattachés les Musées d'histoire naturelle et les jardins botaniques des départements, exigent la formation d'un conseil supérieur de surveillance et de perfectionnement, auprès du ministre de l'instruction publique, pour l'éclairer et l'assister dans l'organisation et l'administration de ces établissements (1).

Ainsi, il y aurait au ministère de l'instruction publique, *un conseil supérieur de surveillance et de perfectionnement* pour le

(1) On pourrait croire de prime-abord que le conseil de l'Université rend inutile la formation d'un conseil spécial pour les musées d'histoire naturelle; mais d'un côté ces établissements sont indépendants des services ordinaires de l'Université, et d'un autre côté la nature des questions qui seraient soumises à ce conseil supérieur exige, pour sa composition, des personnes qui aient des connaissances spéciales.

Muséum d'histoire naturelle de Paris, et les Musées d'histoire naturelle et jardins botaniques des départements, qui seraient rattachés au Muséum de Paris.

Ce conseil serait composé de cinq membres ; ils seraient nommés directement par le ministre et en dehors des fonctionnaires du Muséum ; néanmoins les professeurs honoraires du Muséum pourraient en faire partie. Le directeur du Muséum pourrait être appelé dans le sein du conseil supérieur.

Les membres du conseil supérieur seraient nommés pour cinq ans ; mais ils pourraient être renommés.

Les fonctions de membre du conseil supérieur seraient gratuites.

Le conseil supérieur serait présidé par le ministre, et en son absence par l'un des membres délégué à cet effet par le ministre.

Le chef de division des sciences et des lettres, ou un chef de bureau de cette division, délégué à cet effet par le ministre, serait secrétaire du conseil supérieur ; mais il n'y aurait pas voix délibérative.

Le conseil supérieur se réunirait sur l'invitation du ministre ; mais il s'assemblerait de droit deux fois par année : dans le mois de novembre et dans le mois de juillet ; le 2 ou le 3.

Il délibérerait, donnerait son avis, ou statuerait sur les objets qui lui auraient été soumis par le ministre. Il pourrait, en outre, formuler directement des propositions pour être soumises au ministre.

Au moins une fois par année, il inspecterait le Muséum, ou le ferait inspecter par une commission prise dans son sein, et en ferait son rapport au ministre.

Les procès-verbaux du conseil supérieur seraient signés par le président et par le secrétaire.

MUSÉUM D'HISTOIRE NATURELLE DE PARIS.

Conseil du Muséum.

Vu la spécialité et les détails de cet établissement, il y aurait un *conseil du Muséum*. Il serait composé ainsi qu'il suit :

Du directeur,

Du secrétaire-général,

De la moitié des professeurs,

Du tiers des professeurs-adjoints,

Du conservateur de la ménagerie,

D'un jardinier-chef,

De l'inspecteur du service des galeries et des cours.

Le directeur, ou le secrétaire-général délégué à cet effet, présiderait le conseil du Muséum. Le conseil nommerait, dans son sein et au scrutin, son secrétaire.

Après une convocation spéciale, faite par le directeur, les fonctionnaires du Muséum nommeraient, au scrutin et en présence du directeur ou du secrétaire-général délégué, les membres du conseil. Ceux-ci seraient nommés seulement par leurs pairs, c'est-à-dire que les professeurs nommeraient les professeurs qui devraient faire partie du conseil, que les professeurs-adjoints nommeraient les professeurs-adjoints qui devraient faire partie du conseil, et ainsi des autres catégories de fonctionnaires. Les membres du conseil seraient élus pour une année, mais ils seraient rééligibles.

Le conseil du Muséum se réunirait de droit au commencement de chaque mois, le 1er ou le 2, et toutes les fois que le directeur le convoquerait. Ce conseil délibèrerait ou donnerait son avis motivé sur les objets qui lui auraient été soumis par le directeur. Il pourrait aussi formuler directement des propositions, qui seraient soumises au directeur. Enfin il aurait d'autres attributions qui seront spécifiées plus loin.

Il y aurait pour chaque séance une liste de présence, qui serait signée par les membres présents.

Les procès-verbaux seraient signés par le président et par le secrétaire.

Conseil des professeurs.

Il y aurait un *conseil des professeurs*.

Il serait composé du directeur et de tous les professeurs. Il serait présidé par le directeur, ou en son absence par le secrétaire-général délégué, ou bien par le doyen des professeurs. Le moins âgé des professeurs remplirait les fonctions de secrétaire. Les professeurs honoraires pourraient assister au conseil, et y auraient voix consultative.

Il se réunirait de droit au commencement de chaque trimestre, et toutes les fois qu'il serait convoqué par le directeur.

Les attributions du conseil des professeurs seront spécifiées plus loin.

Il y aurait pour chaque séance une liste de présence, qui serait signée par les membres présents.

Les procès-verbaux seraient signés par le président et par le secrétaire.

Commissions spéciales.

Il y aurait des *commissions spéciales* : celles des jurys d'examens ; celles des présentations de candidats ; celles des nominations des membres du conseil du Muséum, et celles qui, dans des cas particuliers, pourraient être formées par le directeur.

Il y aurait pour chaque séance une liste de présence, qui serait signée par les membres présents.

Les procès-verbaux de chaque séance seraient signés par le président et par le secrétaire de la commission.

Pièces des conseils et des commissions.

Toutes les pièces des conseils et des commissions seraient remises au secrétaire-général, et ensuite déposées en minutes ou en copies aux archives du Muséum, sous la garde du secrétaire-général.

Personnel.

Le personnel du Muséum serait composé de la manière suivante :

Service central ou de la direction : Directeur. — Secrétaire-général. — Comptable. — Employés des bureaux.

Service du matériel : Architecte (1)? — Inspecteur du service du matériel. — Inspecteur du service des galeries et de celui des cours. — Employés divers. — Hommes à la journée.

Service scientifique : Professeurs. — Professeurs-adjoints. — Préparateurs-conservateurs. — Préparateurs. — Employés des laboratoires. — Conservateur de la ménagerie. — Employés de la ménagerie. — Jardiniers-chefs. — Employés des jardins et des

(1) Voir les considérations exposées plus loin.

serres. —Maîtres de dessin. — Bibliothécaire. —Sous-bibliothécaire. — Employés à la bibliothèque. — Hommes à la journée.

Service départemental : Inspecteurs départementaux.

Le secrétaire-général ne relèverait que du directeur ; le comptable ne relèverait que du directeur et du secrétaire-général ; il en serait de même pour l'architecte, l'inspecteur du service du matériel, et l'inspecteur du service des cours et des galeries.

Les professeurs ne relèveraient que du directeur ou du secrétaire-général en l'absence du directeur.

Les professeurs–adjoints et les préparateurs-conservateurs ne relèveraient que du directeur ou du secrétaire-général en l'absence du directeur, et des professeurs qui leur correspondraient.

Le conservateur de la ménagerie, les maîtres de dessin, le bibliothécaire, les voyageurs, les chargés de missions et les inspecteurs départementaux ne relèveraient que du directeur et du secrétaire-général.

Un arrêté spécial du directeur, après avis du conseil du Muséum, indiquerait de qui relèveraient les jardiniers-chefs, et tous les autres employés.

Dans tous les cas, le délégué des pouvoirs du directeur, en l'absence de ce dernier, jouirait de tous les pouvoirs et attributions du directeur.

Dans l'état présent, l'architecte, ses employés et son budget dépendent de la direction des bâtiments, appartenant elle-même au ministère des travaux publics ; et de la manière dont les choses se pratiquent dans cet important service, il en résulte de graves abus : les observations suivantes suffiront pour démontrer cette vérité ; *mais il doit être bien entendu qu'il n'y a ici rien de personnel pour l'architecte actuel.*

Le budget, l'étendue et la nature des travaux sont bien examinés par l'administration actuelle du Muséum ; mais en définitive, c'est l'architecte qui a le plus grand poids dans toutes les questions, qui peut faire exécuter trop à son gré les travaux, qui reçoit les matériaux, etc., si même il ne fait pas comme il l'entend la répartition des fonds alloués pour son service. Cependant, il y a des années où le budget spécial de l'architecte (qui est en dehors de celui du Muséum), réuni aux allocations extraordinaires, s'élève à des sommes énormes ! Outre des appointements fixes, l'architecte a, si nous sommes bien informés, tant pour cent sur les sommes dépensées pour les travaux, réparations, etc. L'architecte a donc intérêt, malgré toute la délicatesse qu'on doit lui supposer, à faire le plus possible de travaux et de dépenses, à recevoir des marchandises de qualités inférieures, ou des ouvrages qui laissent à désirer. Dans certaines années on pourrait gaspiller les fonds pour employer toutes les sommes allouées; tandis que dans certaines années, n'ayant pas de fonds suffisants, on est obligé de recourir à une parcimonie qui devient préjudiciable au Muséum.

Évidemment, de tous les vices d'organisation qu'on pourrait signaler dans le Muséum, un des plus grands est celui du service de l'architecte.

Si le service de l'architecte et son budget spécial ne peuvent être distraits du ministère des travaux publics, au moins l'architecte ne devrait-il recevoir que des appointements fixes (1), et être davantage sous la dépendance immédiate du directeur du Muséum? D'un autre côté, le budget, les projets, etc. de ce service, ne devraient-ils pas réellement et non fictivement relever du directeur qui pourrait prendre l'avis du conseil du Muséum, de l'inspecteur du service du matériel ou de tout autre chef de service, l'architecte conservant dans tous les cas son droit d'initiative et d'avis auprès du directeur?

Quant aux emplois subalternes dans les divers services du Muséum, il y aurait peu à modifier ce qui existe actuellement. Les modifications consisteraient principalement à spécifier plus rigoureusement les emplois, à en faire une répartition plus convenable, suivant les besoins des services, plus conforme à la nouvelle organisation du Muséum, et à éviter les doubles emplois ou les sinécures.

Dans l'organisation actuelle du Muséum, le personnel principalement attaché au service scientifique comprend les catégories suivantes :

a. *Professeur administrateur.* — Il y en a quinze. L'un d'eux est en outre chargé du service de la ménagerie; un autre de celui des serres; un autre de l'école botanique; et un autre de la bibliothèque.

(1) Comme cela avait lieu autrefois, si nous sommes bien informés.

b. *Chef des travaux.* — Il y en a deux ; ils sont en même temps aides-naturalistes : l'un pour l'anatomie comparée, l'autre pour les mammifères et les oiseaux. Ce dernier est en outre chargé, sous les ordres du professeur-administrateur pour les mammifères et les oiseaux, du service de la ménagerie.

c. *Garde des galeries.* — Il y en a trois : l'un pour la galerie de botanique et celle des herbiers ; un second pour les galeries d'anatomie comparée ; un troisième pour les galeries de zoologie, de minéralogie et de géologie. Ce dernier est en même temps chargé d'un service du matériel et d'une petite partie administrative.

d. *Aide-naturaliste.*

e. *Aide-de-recherches.* — Il n'y en a pas en ce moment.

f. *Aide-préparateur.*

g. *Jardinier-chef.* — Les jardiniers-chefs sont en même temps chargés de services divers.

h. *Préparateur.*

i. *Employé.* — Le nombre en est très variable suivant les parties ; il y en a même qui sont temporaires, et d'autres à la journée ou à l'heure.

k. *Garçon ou frotteur.*

l. *Suppléant.*

Nous ne parlons pas du service de la bibliothèque, ni de celui des cours de dessin.

Or, il y a pour certaines parties : a, b, h, i et k ; pour d'autres parties : a, d, h, i et k ; pour d'autres parties : a, d, g, h, i et k ; pour d'autres parties : a, d, h, i et k ; pour d'autres parties : a, f et k ; pour d'autres parties : a, d et k ; ainsi de suite en variant plus ou moins.

e et l sont à peu près arbitraires.

Il est donc nécessaire d'établir dans les diverses parties plus d'uniformité qu'il n'y en a, en ayant égard toutefois à l'étendue et aux détails relatifs du service de chaque partie.

Ce que nous venons d'indiquer au sujet du service scientifique, existe aussi pour d'autres services, tel que celui du matériel.

Enfin, les inconvénients et les abus qui ont fait le sujet de critiques plus ou moins fondées, résultent plutôt de l'absence d'un plan général, sans lequel il n'y a jamais ni unité, ni ordre, d'une organisation vicieuse, de la mauvaise répartition des services et des employés, du défaut de spécification et de limitation des attributions de chacun d'eux, que de toute autre cause. Les vices étant reconnus, il faut donc diriger ses vues vers un système d'organisation fondé sur des idées d'ordre, d'unité et de grandeur, pour remédier efficacement au mal. C'est dans cet esprit qu'a été conçu, nous le répétons, ce travail de réorganisation du Muséum.

Changement du titre et des attributions des professeurs-administrateurs.

Aujourd'hui il est reconnu à peu près par tout le monde que les attributions ou fonctions des professeurs-administrateurs doivent être modifiées, bien définies, et que les professeurs ne peuvent être en même temps administrateurs. Il serait donc superflu d'insister maintenant sur les motifs qu'on a fait valoir en faveur de cette importante réforme ; nous nous bornerons à rappeler les suivants : Inconvénients de réunir dans la même main l'administration et l'exécution ; étendue et importance des différents devoirs ; absence d'unité dans une administration composée d'un grand nombre de membres égaux en pouvoir ; nécessité d'une responsabilité sérieuse et unique ; enfin un savant peut être un excellent professeur tout en étant un médiocre administrateur.

Dès-lors le titre de professeur-administrateur devrait être changé en celui de professeur, ou bien en celui de professeur-inspecteur ; cependant tous les professeurs n'ayant pas de collections importantes dans leurs parties respectives, le titre de professeur paraît être le plus convenable : nous nous arrêterons donc à ce dernier.

Nécessité de la nomination d'un directeur, d'un secrétaire-général et d'un comptable spécial.

D'après les considérations qui ont été exposées précédemment, et les professeurs n'ayant plus le titre ni les attributions d'administrateurs, il est de toute nécessité d'instituer au Muséum un directeur, qui serait chargé de l'administration de cet établissement. Il serait le chef du Muséum ; il aurait la haute direction de tous les services de cet établissement et serait responsable, vis-à-vis l'autorité supérieure, de tous les actes des employés, quels que fussent les titres et les fonctions de ceux-ci. Le directeur relèverait directement du ministre et ne relèverait que de lui.

L'étendue des services du Muséum, surtout si les musées et jardins départementaux y étaient rattachés, réclame pour le Muséum un secrétaire-général, qui assisterait le directeur dans l'accomplissement de sa mission. Il serait plus spécialement chargé des détails de l'administration.

De même, le budget du Muséum est trop important et la comptabilité trop considérable, pour qu'il n'y ait pas dans cet établissement un comptable spécial et responsable.

Changement du titre de garde des galeries.

Il se présente d'abord une question de personne assez délicate ; néanmoins il sera facile de la résoudre à la satisfaction des titulaires actuels et dans l'intérêt du Muséum.

Il y a maintenant trois gardes des galeries : l'un pour le service des galeries de zoologie et de minéralogie, un autre pour celui des galeries d'anatomie comparée, et un troisième pour celui des galeries de botanique et des herbiers. Le premier est plus spécialement chargé d'un service relatif au matériel, au personnel et à la police ; les deux autres ont des attributions plus scientifiques et sont des espèces de conservateurs. Partant de la nouvelle organisation du Muséum, un seul suffirait pour le service du matériel, du personnel et de la police des galeries et des cours. En sorte que le garde des galeries deviendrait l'inspecteur du service des galeries et des cours, et aurait toutes les attributions qui découlent de ce nouveau titre. Il ne relèverait que du directeur et du secrétaire-général.

Les fonctions des deux autres gardes actuels seraient converties, pour le garde des galeries d'anatomie comparée, en celles de professeur-adjoint de paléontologie, comme on le verra plus loin ; pour le garde des galeries de botanique et des herbiers, en celles soit de professeur de géographie botanique, soit de professeur-adjoint de botanique théorique, soit enfin de tout autre emploi supérieur dans les parties botaniques.

Suppression du titre de chef des travaux.

Aujourd'hui on compte deux chefs de travaux : l'un pour l'anatomie comparée, l'autre pour les mammifères et les oiseaux. Le premier est en même temps aide-naturaliste pour l'anatomie comparée; le second est en même temps aide-naturaliste pour les mammifères et les oiseaux, et en outre chargé de la ménagerie, sous les ordres du professeur-administrateur de mammalogie et d'ornithologie.

En réalité, c'est le professeur qui est chef des travaux de ses laboratoires; dans tous les cas, que le chef des travaux soit le professeur ou l'aide-naturaliste, le titre de chef des travaux n'en est pas moins un double emploi, une véritable superfétation; par conséquent ce titre devrait être supprimé. L'un des titulaires deviendrait professeur-adjoint pour l'anatomie comparée, l'autre professeur-adjoint pour la mammalogie et l'ornithologie, ou bien conservateur de la ménagerie.

Suppression de l'emploi d'aide-de-recherches.

On avait créé autrefois le titre d'aide-de-recherches pour récompenser ou favoriser certains employés, qui ne pouvaient être nommés aides-naturalistes, faute de vacances, chaque chaire à collections importantes ne devant avoir qu'un aide-naturaliste; la création du titre d'aide-de-recherches était même un moyen indirect qui permettait au professeur d'avoir, en réalité, deux aides-naturalistes, dont l'un remplissait des fonctions plus ou moins différentes de celles de l'autre et qui lui étaient assignées par le professeur. En sorte que le titre d'aide-de-recherches était supérieur à celui de préparateur, et à peu près correspondant à celui d'aide-naturaliste.

En ce moment il n'y a point, si nous sommes bien informés, d'aide-de-recherches. Dans tous les cas, quels que soient les motifs qui aient fait créer l'emploi ou le titre d'aide-de-recherches, il faudrait le supprimer, cet emploi étant inutile ou arbitraire, et le titre pouvant ouvrir une porte aux abus.

Changement du titre d'aide-préparateur.

Le titre d'aide-préparateur a été donné au préparateur, ou au préparateur principal, s'il y a plusieurs préparateurs, de chaque partie qui n'a pas d'aide-naturaliste et qui ne pouvait en admettre, faute de collections importantes. On a voulu ainsi établir une échelle hiérarchique parmi les préparateurs, en rapprochant les uns des aides-naturalistes; car le titre d'aide-préparateur est presque équivalent à celui d'aide-naturaliste. Mais il faut avouer que ce choix de titre n'est ni heureux, ni convenable : quiconque ne serait pas initié aux détails du Muséum, croirait que l'aide-préparateur est au-dessous du préparateur ; tandis que ce mot, aide-préparateur, signifie, dans le langage du Muséum, préparateur qui aide le professeur dans ses fonctions.

Comme les principales fonctions de l'aide-préparateur consistent à préparer les objets nécessaires au cours, à préparer et à faire des expériences, à conduire, sous les ordres du professeur, les travaux des laboratoires; et comme l'aide-préparateur est chargé, toujours sous la direction du professeur, de la garde et de l'entretien de la petite collection attachée à la chaire, le titre qui paraît être le plus convenable est celui de préparateur-conservateur.

Changement du titre d'aide-naturaliste et modification des attributions de l'aide-naturaliste.

Si le titre d'aide-préparateur n'exprime pas, comme on l'a vu précédemment, le véritable sens qu'on doit réellement y attacher, celui d'aide-naturaliste n'est pas plus heureux, et n'est ni conforme, ni convenable aux fonctions importantes et au caractère scientifique des aides-naturalistes. Frappé des nombreux inconvénients que présente le titre d'aide-naturaliste, on en a proposé plusieurs : celui de sous-professeur, celui de conservateur, celui d'agrégé, celui de professeur-suppléant, celui de professeur-agrégé, celui de professeur-adjoint, celui d'agrégé-conservateur.

Mais les titres qui conviendraient le mieux, d'après la nature des fonctions que nous spécifierons plus loin, sont ceux de professeur-adjoint et d'agrégé-conservateur. Il importe, en effet, dans l'intérêt des services, dans celui du caractère scientifique et de la responsabilité des aides-naturalistes, de spécifier et de préciser leurs attributions. Revêtus d'attributions spéciales et distinctes de celles des professeurs, ils ne sauraient être des doublures de ceux-ci ; et eu égard aux connaissances, aux garanties, aux travaux qu'on exige d'eux, et à leur position ou à celle qu'ils méritent d'avoir, on ne peut faire des aides-naturalistes des agents trop subalternes. Régulariser avec sagesse le titre et les fonctions des aides-naturalistes serait donc une mesure d'ordre et de dignité qu'il devient indispensable d'entreprendre.

Changement du titre et modification des attributions du contrôleur pour les bâtiments, les ateliers et les marchandises.

Le titre de contrôleur devrait être changé en celui de vérificateur ou d'inspecteur du service du matériel ; le dernier conviendrait le mieux à la nature de ses attributions et en serait la meilleure expression. Le titre d'inspecteur du service du matériel suffit seul pour indiquer la nature des fonctions de cet employé ; mais un arrêté spécial du directeur, après avis du conseil du Muséum, s'il le jugeait convenable, déterminerait d'une manière suffisamment détaillée les attributions de l'inspecteur du service du matériel. Cet arrêté aurait surtout l'avantage de réunir dans une même main des attributions, qui sont dispersées dans plusieurs emplois, ayant peu de rapports, et celles qui sont flottantes ou qui ne sont rigoureusement dans aucune main.

L'inspecteur du service du matériel ne relèverait que du directeur et du secrétaire-général.

Suppression et conversion de chaires.

L'enseignement de la chimie générale est fait à la Faculté des sciences par deux professeurs ; il y a de plus un cours de chimie spéciale au Collége de France, et deux chaires de chimie à la Faculté de médecine.

La chimie appliquée est enseignée aux Gobelins, et deux cours au moins du Conservatoire des Arts-et-Métiers sont des cours de chimie appliquée.

Enfin, la chimie soit générale, soit appliquée, est spécialement enseignée dans différentes écoles de la capitale.

D'un autre côté la chimie ne peut être regardée comme une science naturelle ; et quelle que soit la forme qu'on lui donne, quel que soit le point de vue sous lequel on la considère, on ne lui trouvera jamais assez de rapports directs avec l'histoire naturelle

2

pour en faire une science naturelle, ou une spécialité des sciences naturelles, telles qu'on doit les envisager et les enseigner au Muséum.

Il résulte donc des motifs précédents que l'enseignement de la chimie au Muséum est un double emploi, dont cet établissement peut et doit même se passer ; que par conséquent il faudrait supprimer les deux chaires en question.

L'enseignement de l'anatomie humaine existe sur une grande échelle à l'École de médecine ; des cours, dans lesquels certaines parties spéciales de l'anatomie sont très développées, existent aussi au Collége de France ; et les professeurs de mammalogie, d'anatomie comparée et de physiologie comparée du Muséum traitent suffisamment de l'anatomie de l'homme pour le but spécial que doit se proposer cet établissement ; enfin l'anatomie de l'homme ne peut être réellement considérée comme une science naturelle de l'ordre de celles pour lesquelles le Muséum est institué. D'après tous ces motifs il paraît donc convenable de supprimer la chaire d'anatomie humaine. Mais, comme on a joint à l'enseignement de l'anatomie de l'homme celui des races humaines, il est rationnel de convertir la chaire d'anatomie humaine en une chaire de géographie zoologique, qui comprendrait l'anthropologie ou l'étude des races humaines, comme une de ses parties essentielles.

Ainsi la chaire d'anatomie humaine serait convertie en une chaire de géographie zoologique.

De même les deux chaires de chimie seraient converties en deux autres chaires, comme il sera indiqué plus loin.

Les nouvelles chaires, provenant de création ou de conversion, feraient entre elles les fonds nécessaires pour les retraites des professeurs et des employés supprimés, qui ne pourraient trouver place dans les nouvelles, si ces professeurs et employés n'avaient pas d'autres fonctions rétribuées par l'État.

D'un côté, la physique est enseignée à la Sorbonne, au Collége de France et ailleurs ; d'un autre côté, la physique se trouve, pour ainsi dire, dépaysée au Muséum d'histoire naturelle. Les observations faites au sujet des chaires de chimie et d'anatomie humaine, sont donc applicables à la chaire de physique.

La physique du globe (y compris la météorologie) et la géographie physique, qui n'ont pas d'enseignement à Paris, qui sont des sciences essentiellement naturelles et de la plus haute importance, devraient trouver place au Muséum et faire partie intégrante de tout programme bien conçu pour l'enseignement de cet établissement. C'est pourquoi nous proposons de convertir la chaire de physique du Muséum en une chaire de physique du globe et de géographie physique.

Le cours de botanique limité à des excursions aux environs de Paris devrait être converti en un cours sérieux de botanique descriptive, avec excursions et voyages. L'un des cours de botanique proprement dite, deviendrait un cours de botanique théorique, comprenant l'anatomie et la physiologie végétales; tandis que l'autre deviendrait un cours de botanique descriptive, comprenant l'exposition des classifications et des méthodes usitées, ainsi que la description des espèces principales.

Addition de chaires.

La géographie botanique, la géographie zoologique et la paléontologie ne sont pas enseignées à Paris ; la paléontologie seulement fait le sujet d'un enseignement accessoire, à l'École des mines; et cependant ces trois sciences, évidemment du domaine des sciences naturelles, sont, de l'aveu du monde savant, devenues aujourd'hui des sciences trop importantes pour être privées d'un enseignement spécial, lorsqu'elles ont fait l'objet d'ouvrages étendus et lorsqu'elles ont des interprètes à l'étranger. Cette lacune dans le programme des cours du Muséum est justement déplorée par les personnes qui suivent le progrès des sciences et qui tiennent à l'honneur de notre pays.

Il serait donc institué :

Une chaire de géographie botanique ;
Une chaire de géographie zoologique ;
Une chaire de paléontologie générale.

La première comprendrait notamment : La station des végétaux comparée au climat, à la nature du sol, etc.;—l'acclimatation des végétaux utiles ; —les végétaux utiles ; — les végétaux nuisibles; etc.

La deuxième comprendrait notamment : L'habitation naturelle des animaux, et l'anthropologie ou l'étude des races hu-

maines ;—la migration des animaux ; — l'acclimatation des animaux ;—les animaux domestiques ;—le croisement des races ;—
les animaux utiles;—les animaux nuisibles; etc.

La troisième comprendrait : La paléontologie animale et végé-
tale ; —la paléontologie comparée des animaux et des végétaux ;
—l'histoire de la succession des êtres organisés sur la surface du
globe, et les considérations générales qui en découlent. Mais il
doit être bien entendu que le cours de paléontologie ne dégénè-
rerait pas en un cours de zoologie, ni d'anatomie comparée, ni
de botanique, ni de botanique comparée, ni de géologie : d'ailleurs un programme détaillé serait arrêté pour la paléontologie,
comme pour les autres sciences, ainsi qu'il sera dit plus loin.

Professeurs.

Il y aurait un professeur spécial pour chaque chaire. Voici
l'énumération des chaires : 1° Mammifères et oiseaux ;—2° reptiles
et poissons ;—3° insectes ;—4° mollusques et animaux inférieurs;
—5° anatomie comparée ;—6° physiologie comparée ;— 7° botanique théorique ; — 8° botanique descriptive ; — 9° culture ; —
10° géographie zoologique ; — 11° géographie botanique; —
12° paléontologie générale ;—13° minéralogie ; — 14° physique
du globe et géographie physique ;—15° géologie.

Professeurs-adjoints ou agrégés-conservateurs.

Il y aurait un professeur-adjoint parallèlement à chaque chaire
à laquelle correspondrait une collection importante.

Il y aurait donc un professeur-adjoint pour chacune des catégories
suivantes : 1° Mammifères et oiseaux ;—2° reptiles et poissons ;—
3° insectes ; — 4° mollusques et animaux inférieurs ; — 5° anatomie comparée ;—6° botanique théorique (galerie de botanique
et celle des herbiers) ;—7° botanique descriptive (écoles de botanique et serres) ; — 8° culture (jardins de culture); — 9° paléontologie générale ; — 10° minéralogie ; —11° géologie.

Préparateurs-conservateurs.

Il y aurait un préparateur-conservateur pour chaque chaire à
laquelle ne correspondrait pas une collection importante.

Il y aurait donc un préparateur-conservateur pour chacune

des catégories suivantes : 1° physiologie comparée; — 2° géographie zoologique; — 3° géographie botanique; — 4° physique du globe et géographie physique.

Préparateurs.

Il y aurait un préparateur correspondant à chaque chaire pour laquelle il n'y aurait pas déjà un préparateur-conservateur. Il y aurait donc un préparateur pour chacune des chaires suivantes : Mammifères et oiseaux;—reptiles et poissons;—insectes;—mollusques et animaux inférieurs;— anatomie comparée; — botanique théorique;—botanique descriptive; —culture; — paléontologie; — minéralogie; — géologie.

Voyageurs et chargés de missions.

Des voyageurs et chargés de missions, soit en France, soit à l'étranger, seraient attachés au Muséum. Le nombre en serait variable, limité aux besoins et aux ressources du Muséum. Leurs fonctions seraient temporaires, mais leur titre serait définitif. Un réglement spécial arrêté par le directeur, après avis du conseil du Muséum, déterminerait leurs positions, leurs attributions, leurs devoirs et leurs dotations; mais ils devraient être convenablement rétribués, et ne pourraient être remis en activité de service qu'après que les fonds nécessaires seraient assurés pour toute la durée de leurs voyages ou de leurs missions.

Attributions du directeur.

Le directeur serait chargé de toute l'administration et de la police du Muséum; il veillerait à l'accomplissement des devoirs de chacun, à l'exécution fidèle des réglements et arrêtés, ainsi qu'à la régularité des services. Il serait responsable, vis-à-vis du ministre, des actes de tous les employés du Muséum.

Il rendrait tous les arrêtés et établirait tous les réglements qu'il jugerait nécessaires, dans l'intérêt du Muséum, ainsi que dans les limites de ses pouvoirs et attributions.

Il convoquerait tous les conseils, toutes les commissions et tous les jurys. Ses rapports avec eux sont déterminés autre part.

Aussitôt qu'il aurait connaissance d'une vacance d'emploi auquel nommerait le ministre, il en informerait le ministre.

Il veillerait à ce qu'aucun emploi de professeur ne fût laissé vacant plus de deux mois, et à ce qu'aucun autre emploi ne fût laissé vacant plus d'un mois.

Il demanderait, par l'intermédiaire du ministre, à l'Académie des sciences, les listes de présentation pour les places de professeurs.

Le directeur ou, en son absence, le secrétaire-général, inspecterait deux fois par an, les collections, les laboratoires, la bibliothèque, les ateliers, les jardins, les magasins, etc. Dans ces inspections il se ferait représenter les catalogues, registres et inventaires de chaque service.

Toutes les demandes devraient lui être adressées directement; il statuerait ensuite sur chacune d'elles, ou les renverrait à qui de droit pour suivre le cours déterminé ailleurs, dans divers articles de ce projet.

Il pourrait suspendre tous les employés, quels que fussent leurs titres et leurs fonctions; mais il devrait, aussitôt que la suspension aurait été prononcée, informer le ministre de la suspension de ceux qu'il ne nommerait pas; et le ministre statuerait après avoir pris l'avis du conseil supérieur, qui entendrait l'employé suspendu, si celui-ci le demandait par écrit au ministre.

Il pourrait révoquer tous les employés qu'il nommerait.

Il accorderait tous les congés.

Après l'autorisation écrite du ministre, le directeur pourrait déléguer temporairement ses pouvoirs, soit au secrétaire-général, soit au doyen des professeurs.

Fonctions des professeurs.

Les fonctions du professeur auraient pour objet :

Cours, excursions et voyages; expériences, essais, etc.; conseils, commissions et examens; présentation de suppléants; propositions de classifications; inspection de la collection; acquisitions ou propositions d'acquisitions et d'échanges d'objets; détermination et enregistrement des objets arrivés; enregistrement des objets sortis; remise des objets enregistrés et déterminés au professeur-adjoint; vérification des catalogues, des inventaires et des collections confectionnés par le professeur-adjoint; présentation, avec son avis, des listes d'objets demandés par le professeur-adjoint pour compléter et enrichir la collection ; confection des listes des objets nécessaires au cours; direction des laboratoires ; personnel des laboratoires ; comptabilité et visa des factures de son service ; rédaction des instructions pour les voyageurs, les chargés de missions, les expérimentateurs et les correspondants ; rédaction de rapports ; présentation des comptes relatifs aux excursions et voyages.

Fonctions des professeurs-adjoints.

Les fonctions du professeur-adjoint comprendraient :

Réception régulière des objets remis par le professeur pour être disposés dans la collection ou dans les magasins de réserve ; classement des objets reçus, de la collection et des objets des magasins de réserve; conservation de la collection, des magasins et des objets dépendants des laboratoires ; confection des catalogues et soins donnés pour leur publication ; confection des inventaires des laboratoires ; conservation des catalogues, des inventaires et des archives ; mise en rapport constant de la collection avec les progrès de la science; confection et présentation au professeur des listes d'objets à demander pour compléter et enrichir la collection ; service du matériel de la collection; démonstrations pratiques après les leçons du professeur; suppléance du professeur pour le cours, les excursions et les voyages; remise des objets pour les leçons, et replacement de ces objets après les leçons ; examens, conseils et commissions; confection des collections avec leurs catalogues pour donner ou échanger. En outre, le professeur-adjoint assisterait le professeur à ses leçons, et l'aiderait dans les diverses parties de son service.

Dans l'état actuel des choses (1), presque tout le travail des collections et des laboratoires repose en réalité sur les aides-naturalistes. Si l'on modifie leurs fonctions, si on les spécialise, les aides-naturalistes devraient en premier lieu être investis de celles qui

---

(1) Les attributions, les appointements, etc., des aides-naturalistes ont par le fait été bien changés avec les années, eu égard à leur fixation par les statuts et les règlements organiques : pour s'en convaincre, il suffit de comparer les usages pratiqués aujourd'hui aux pièces officielles dont il est question.

sont relatives aux collections. Cette mesure assurerait un service régulier et l'ordre si nécessaire aux collections; autrement on retomberait dans les inconvénients que l'on ne cesse de signaler aujourd'hui : car il faut de l'unité dans la direction et l'exécution des travaux relatifs aux collections, comme aussi il faut une responsabilité unique pour un service de cette importance.

Il serait nécessaire non seulement que les aides-naturalistes fussent de droit suppléants des professeurs, mais encore qu'ils fussent chargés d'un enseignement spécial : de démonstrations et d'expériences pratiques après les leçons des professeurs. Ces nouvelles attributions des aides-naturalistes offriraient deux avantages réels : 1º On rendrait les cours plus profitables, et l'on initierait à la connaissance exacte des collections les élèves, qui, par la suite, s'empresseraient certainement de les enrichir; 2º On formerait des professeurs, on aurait ainsi une véritable pépinière, et l'on pourrait juger sainement soit du mérite, soit du succès comme professeur de chacun des aides-naturalistes. Ceux qui réussiraient à cette espèce d'école, auraient le professorat en perspective et seraient poussés à chaque instant par une nouvelle émulation; en outre, la carrière des aides-naturalistes serait plus relevée et ne serait pas aussi bornée qu'elle l'est aujourd'hui.

Au lieu d'être des doublures ou des agents trop subalternes des professeurs, des employés dont les services importants sont trop ignorés de l'administration supérieure et du public, les aides-naturalistes, sous une autre dénomination, devraient donc avoir des fonctions spéciales, parfaitement définies.

Fonctions des préparateurs.

Les fonctions du préparateur consisteraient à préparer les objets pour les leçons; à assister au besoin le professeur à ses leçons; à assister le professeur-adjoint soit pour les démonstrations ou les expériences, soit pour prendre et replacer les objets qui auraient servi aux leçons et aux démonstrations; à faire numéroter les objets enregistrés, et confectionner les étiquettes; à préparer ou faire préparer, et à monter ou disposer suivant l'ordre établi (1) les objets enregistrés; en un mot, à assister le professeur et le professeur-adjoint dans les diverses parties de leurs services.

(1) Laver, sécher, disséquer, injecter, empailler, etc.

Fonctions des employés pour lesquels il n'a pas été fait, dans ce projet, un article spécial.

Les fonctions des employés qui n'ont pas été indiquées en détail dans ce projet, seraient complétement déterminées par des réglements particuliers pour chaque service, en empruntant tout ce qu'il y a de bon et de régulier dans l'ordre adopté actuellement au Muséum.

Présences, vacances et congés.

Pour la régularité des services, il est indispensable de fixer un ordre de présence.

Outre les jours et les heures des leçons, conseils, examens et commissions, les professeurs seraient tenus à des jours et heures de présence.

Pendant le semestre du cours, le professeur se rendrait au moins une fois par semaine au Muséum.

Pendant l'autre semestre, il s'y rendrait au moins deux fois par semaine, sauf les cas de congés et de voyages; mais alors il serait remplacé par le professeur-adjoint ou par le préparateur-conservateur correspondant.

Outre les jours et les heures de conseils, examens et commissions, le professeur-adjoint se rendrait au moins quatre fois par semaine dans les galeries, jardins ou laboratoires.

Outre les jours et les heures des leçons, des préparations et des expériences ou des commissions, les préparateurs-conservateurs se rendraient au moins une fois par semaine au Muséum.

Les préparateurs se rendraient au Muséum tous les jours, les dimanches et les fêtes exceptés.

Le directeur, après avoir pris l'avis du conseil du Muséum, s'il le jugeait nécessaire, fixerait, par des réglements particuliers, les jours et les heures de présence, suivant les besoins des services, pour les employés dont il n'a pas été fait mention dans cet article du projet.

Les professeurs auraient, toutes les années, des vacances qui commenceraient le 1er septembre et qui finiraient le 31 octobre.

Les autres employés pourraient avoir des congés; mais, sauf le cas de maladie, la somme des jours de congés obtenus par un employé, dans le cours d'une année, ne pourrait excéder deux mois.

Nominations.

Les nominations des employés du Muséum seraient faites de la manière suivante :

Le *directeur* et le *secrétaire-général* seraient nommés directement par le ministre (1).

Les *professeurs.* — Par le ministre (2), d'après une liste de deux candidats au moins, présentée par le directeur, avec son avis, et dressée au moyen de deux listes, dont l'une aurait été faite par le conseil des professeurs, et dont l'autre aurait été envoyée par l'Académie des sciences au ministre, qui l'aurait ensuite transmise au directeur.

Les *professeurs-adjoints, préparateurs-conservateurs, conservateur de la ménagerie, jardiniers-chefs, bibliothécaire, maîtres de dessin.* — Par le ministre, d'après une liste de deux candidats au moins, présentée par le directeur, avec son avis, et dressée par une commission formée du conseil des professeurs, des membres du conseil du Muséum, et des employés de la catégorie à laquelle appartiendrait l'emploi vacant (3).

Les *comptable, inspecteur du service du matériel, inspecteur du service des galeries et des cours, sous-bibliothécaire, architecte?* — Par le ministre, sur la présentation du directeur.

Les *préparateurs, employés des laboratoires des professeurs.* — Par le directeur, d'après une liste de deux candidats au moins, dressée par le conseil des professeurs.

Les *employés des jardins, des serres et des galeries, ceux de la bibliothèque.* — Par le directeur, d'après une liste de deux candidats au moins, dressée par le conseil du Muséum, et après que le directeur aurait pris l'avis du chef de service sous lequel devrait être l'employé.

(1) Ou par le chef de l'État sur la présentation du ministre.

(2) Ou par le chef de l'État sur la présentation du ministre.

(3) S'il s'agissait d'un emploi de professeur-adjoint, tous les professeurs-adjoints seraient de la commission ; d'un emploi de préparateur-conservateur, tous les préparateurs-conservateurs seraient de la commission ; d'un emploi de jardinier-chef, tous les jardiniers-chefs ; d'un emploi de maître de dessin, l'autre, ou les autres maîtres de dessin dans le cas où il y en aurait plus de deux au Muséum.

Les *employés des bureaux de la direction, employés du service du matériel, surveillants.*—Par le directeur, sauf à prendre l'avis, s'il le jugeait nécessaire, du chef de service sous lequel devrait être l'employé.

Les *voyageurs, chargés de missions.* — Par le ministre, sur la présentation du directeur, après avis du conseil du Muséum.

Les *inspecteurs départementaux.*—Par le ministre, sur la présentation du directeur, et après que le ministre aurait pris l'avis du conseil supérieur.

Les *directeurs, conservateurs, professeurs des musées et jardins départementaux.*—Par le ministre (1), sur la présentation des préfets, des maires, etc., après avis du directeur du Muséum, qui consulterait lui-même les inspecteurs départementaux.

Disposition transitoire.

Au moment de la réorganisation, le ministre et le directeur, en ce qui les concernerait respectivement, nommeraient ou confirmeraient dans les divers emplois.

Observations.

Les employés du Muséum ne peuvent pas être nommés pour un temps très limité ; au contraire, ils doivent conserver leurs fonctions, sauf les cas d'avancement, jusqu'à l'âge fixé pour la retraite ; autrement, il en résulterait de graves inconvénients, soit pour l'établissement, soit pour l'employé. Un exemple pris chez les aides-naturalistes démontrera cette vérité.

Il faut bien du temps pour qu'un aide-naturaliste connaisse à fond les collections dont il est chargé, la méthode employée, le classement scientifique et matériel, ce qu'il importe d'améliorer, ce qu'il y a de plus pressé à faire, etc. Or, si l'on remplaçait les aides-naturalistes, par exemple, après cinq années d'exercice, on les remplacerait précisément au moment où ils connaîtraient tout cela, et où ils pourraient remplir le mieux leurs fonctions, et par conséquent rendre les meilleurs services à l'établissement. D'un autre côté, le nouveau venu serait obligé de faire un long apprentissage au détriment des collections. Enfin, les aides-na-

(1) Ou par les autorités locales.

turalistes s'intéresseront aux collections et prendront du goût pour leurs services, s'ils sont certains de pouvoir conserver leur emploi jusqu'au moment d'un avancement ou jusqu'au terme fixé pour la retraite.

A l'École de médecine, par exemple, où le système d'agrégés temporaires est adopté, les agrégés n'ont dans leurs attributions ni collections, ni laboratoires, ni services d'administration semblables à ceux du Muséum : ils font un cours, en l'absence du professeur, et des examens, voilà tout. D'autre part, les agrégés de l'École de médecine sont médecins ; ils ont donc un état qu'ils peuvent exercer pendant qu'ils sont agrégés en exercice et après la cessation de leurs fonctions temporaires : le titre et la position d'agrégés à l'École de médecine leur sert même de recommandation pour acquérir une clientelle ; de sorte qu'après cinq années d'exercice en qualité d'agrégés, ils ont un état assuré. En troisième lieu, les agrégés à l'École de médecine, où les chaires sont moins étrangères entre elles que ne le sont les unes aux autres celles du Muséum, peuvent souvent concourir pour plusieurs chaires, tandis qu'il serait au moins extraordinaire qu'au Muséum un minéralogiste se présentât pour une chaire de botanique. Enfin, les agrégés de l'Ecole de médecine trouvent fréquemment des places de médecins dans les hôpitaux. Il ne saurait donc y avoir de l'analogie entre les agrégés de l'Ecole de médecine et les aides-naturalistes du Muséum.

Cet exemple offert par l'Ecole de médecine est tellement frappant, qu'à l'Ecole de droit on n'a pas institué des suppléants temporaires, quoique les suppléants de l'Ecole de droit soient avocats et puissent avoir, à la faveur de ce double titre, un état assuré.

Même à la Faculté des sciences, à la Faculté des lettres y a-t-il des agrégés temporaires ? Non.

Si l'on admettait que les aides-naturalistes du Muséum dussent être temporaires, que deviendraient ces employés après la cessation de leurs fonctions ? Quelle carrière, quel état leur seraient réservés ? Quelle personne suffisamment instruite voudrait se résigner à remplir des fonctions aussi précaires, et cependant aussi difficiles, aussi délicates, aussi pénibles, qui assument autant de responsabilité, et pour lesquelles le Muséum accorde

autant de confiance? Qui pourrait faire le sacrifice de quelques
années, des plus précieuses de la vie, et que la moindre intelligence trouverait toujours à employer avec fruit à d'autres travaux ?

Les aides-naturalistes ne sauraient être nommés au concours
oral, ni même écrit : car, tel qui brillerait dans un semblable
concours, pourrait être pitoyable pour le service des collections
et ne pas réunir les principales qualités qu'exigent les fonctions
d'aide-naturaliste. Ils ne devraient pas non plus être nommés
d'après le mode de nomination qui est usité actuellement : la
confiance dont les aides-naturalistes sont investis par le Muséum,
l'importance de leurs fonctions, nous ajouterons même l'importance de certaines personnes qui peuvent être appelées à remplir
ces emplois, et l'honneur du Muséum, méritent un mode de
nomination plus régulier, plus solennel ! La faveur ou certaines
convenances feraient place au mérite et à l'intérêt du Muséum.

Candidatures (1).

Dans l'intérêt du Muséum, pour être candidat à divers emplois
de cet établissement, il serait nécessaire de réunir certaines conditions; mais aucune personne étrangère au Muséum ne pourrait
être candidat, à n'importe quel emploi, à l'exception de celui de
directeur, si elle avait plus de 55 ans.

Aux places de *Professeurs*, pourraient être candidats :

Les membres et correspondants de l'Académie des sciences;

Les professeurs-adjoints ;

Les docteurs ès-sciences naturelles, ou les gradés du Muséum
correspondant aux docteurs ès-sciences naturelles ;

Les docteurs en médecine ?

Mais les candidats qui n'auraient pas professé dans un établissement de haut enseignement à Paris, seraient tenus de faire,

---

(1) Il n'est pas question ici des employés que le ministre nommerait
sur la seule présentation du directeur, tels que le comptable, l'inspecteur
du service des galeries et des cours, le sous-bibliothécaire, etc. Le directeur, ayant seul la responsabilité de leur présentation, devrait être libre
de choisir les candidats partout où il en trouverait de capables et de di-
gnes. Il en est de même pour le choix du directeur et du secrétaire-général que ferait le ministre.

préalablement à leur admission comme candidats, trois leçons publiques, au Muséum, sur des sujets compris dans le programme de la chaire vacante, et qui seraient laissés à leur choix.

Professeurs-adjoints. Pourraient être candidats :

Les membres et correspondants de l'Académie des sciences ;

Les préparateurs-conservateurs après deux années de service ;

Les préparateurs après cinq années de service ;

Les docteurs ès-sciences naturelles, ou les gradés du Muséum correspondant aux docteurs ès-sciences naturelles ;

Les docteurs en médecine ;

Les voyageurs et chargés de missions après cinq années de services ;

Les directeurs, conservateurs et professeurs des Musées et jardins départementaux, après trois années de service.

Préparateurs-conservateurs. Pourraient être candidats :

Les préparateurs ;

Les voyageurs et chargés de missions ;

Les licenciés ès-sciences, ou les gradés du Muséum correspondant aux licenciés ès-sciences ;

Les docteurs en médecine.

Conservateur de la ménagerie. Pourraient être candidats :

Les préparateurs-conservateurs après deux années de service ;

Les préparateurs après cinq années de service ;

Les voyageurs et les chargés de missions après cinq années de service.

Préparateurs. Pourraient être candidats :

Les employés des laboratoires après trois années de service ;

Les licenciés ès-lettres naturelles, ou les gradés du Muséum correspondant aux licenciés ès-sciences naturelles ;

Les docteurs en médecine ;

Les voyageurs et chargés de missions.

Jardiniers-chefs. Pourraient être candidats :

Les jardiniers après cinq années de service.

Bibliothécaire et sous-bibliothécaire. Pourraient être candidats :

Tous les employés des services scientifiques du Muséum, y compris les voyageurs et chargés de missions, après cinq années de service.

Maîtres de dessin. Pourraient être candidats :

?

Employés des laboratoires , des jardins , serres et ménagerie.
Pourraient être candidats :

?

Inspecteurs départementaux. Pourraient être candidats :
Les professeurs-adjoints ;
Le conservateur de la ménagerie ;
Les préparateurs-conservateurs après trois années de service ;
Les préparateurs après cinq années de service ;
Les voyageurs et chargés de missions après cinq années de
service ;
Les docteurs ès-sciences naturelles, ou les gradés du Muséum
correspondant aux docteurs ès-sciences naturelles.

Voyageurs et chargés de missions. Pourraient être candidats :
Les licenciés ès-sciences naturelles, ou les gradés du Muséum
correspondant aux licenciés ès-sciences naturelles ;
Les docteurs en médecine ;
Les préparateurs ;
Les employés des services scientifiques après deux années de
service.
Les élèves du Muséum reçus aux examens de troisième année
seraient, à mérite égal , choisis de préférence aux étrangers pour
les emplois auxquels ils seraient admissibles.

Appointements.

	minimum.	maximum.
Directeur.	10,000 f.	10,000 f.
Secrétaire-général	8,000	8,000
Comptable.	4,000	5,000
Inspecteur du service du matériel. . .	3,000	4,000
Inspecteur du service des galeries et des cours.	3,000	4,000
Professeur.	8,000	8,000
Professeur-adjoint.	3,000	5,000
Préparateur-conservateur.	2,000	3,000
Préparateur.	1,200	2,400
Conservateur de la ménagerie. . . .	3,000	5,000

Jardinier-chef.	2,400	4,000
Maître de dessin.	3,000	3,000
Bibliothécaire.	3,000	4,000
Sous-bibliothécaire.	2,000	3,000
Employé.	1,200	2,400
Garçon de salle, de laboratoire, etc. .	800	1,400

Chaque employé aurait en entrant le minimum, qui augmenterait chaque année d'un dixième de la différence entre le minimum et le maximum, de manière à atteindre le maximum après dix années de service. Lors de la réorganisation du Muséum on établirait les appointements d'après le nombre d'années de service dans l'emploi ou dans celui qui lui correspondrait.

Les indemnités relatives aux excursions et voyages des professeurs seraient fixées à raison de 12 fr. par jour d'absence et de » fr. 15 c. par kilomètre. Ces indemnités seraient entièrement reportées sur les suppléants, les professeurs-adjoints ou autres employés, qui feraient les excursions ou les voyages à la place des professeurs.

Il serait retenu en faveur des remplaçants la moitié des appointements, pendant la durée du remplacement, de tous les employés qui seraient temporairement remplacés.

Actuellement les professeurs n'ont que 5,000 francs d'appointements; dès-lors 8,000 fr. paraîtront un chiffre élevé. Mais les professeurs de l'École de médecine et de l'École de droit touchent 10,000 fr.; ceux de la Faculté des lettres et de la Faculté des sciences ont 5,000 fr. plus des droits d'examens. Il semble donc extraordinaire que les professeurs du Muséum soient moins bien partagés, surtout quand on réfléchit que leur service est plus compliqué, qu'il impose plus de responsabilité que ceux des professeurs des Écoles de droit et de médecine, des Facultés des sciences et des lettres. Si les généraux, les membres des cours, les directeurs, les inspecteurs, etc., dans certaines administrations ont des appointements de 8, 9, 10, 11, 12 mille fr. et même supérieurs à cette dernière somme, n'est-il pas étonnant de voir les professeurs du Muséum, qui sont cependant les maréchaux ou les grands dignitaires de la science et dont le nombre est si restreint, réduits à des appointements de 5,000 fr. ou à cumuler d'autres emplois, et souvent obligés de conserver leurs fonctions jusque dans l'âge le plus avancé ? Cet état de choses ne saurait être prolongé : il est injuste, indigne de savants éminents et du caractère dont ils sont investis, préjudiciable au progrès des sciences, ainsi qu'aux intérêts du pays, et décourageant pour les jeunes intelligences.

Les connaissances exigées des aides-naturalistes; les dépenses qu'ils ont faites pour leur instruction en histoire naturelle et pour établir leurs titres scientifiques; les sacrifices qu'ils sont encore, chaque jour, obligés de faire soit pour des acquisitions d'ouvrages, soit pour leurs recherches, soit enfin pour la publication des résultats de leurs observations; l'importance de leurs fonctions, leur responsabilité, le temps employé par eux au Muséum, les services qu'ils y rendent, les intérêts de cet établissement et l'âge de la plupart des aides-naturalistes, réclament impérieusement, de la dignité et de la justice, des appointements convenables pour ces employés (1). Aujourd'hui, il y a des aides-naturalistes qui sont moins rétribués que le plus infime fonctionnaire des diverses administrations ou que le plus simple employé de maisons commerciales, et qui cependant n'ont pas d'autre place ! Certains aides-naturalistes ont 3,000 fr. avec un logement ; tandis que d'autres, quoique très connus par leurs travaux, comptant de longs services, d'un âge avancé, remplissant des fonctions importantes, difficiles et entraînant une grande responsabilité, n'ont que 1,800 fr. sans logement ! Cette disproportion est intolérable. Ou bien tous les aides-naturalistes devraient avoir les mêmes appointements, car chacun juge suivant ses connaissances, et estime telle partie plus importante, plus difficile qu'une autre ; ou bien, ce qui serait plus rationnel et plus équitable, ils devraient tous avoir en débutant le même minimum, raisonnable toutefois, qui ensuite augmenterait proportionnellement avec les années de service, de manière à atteindre le maximum après dix années.

Mais certaines personnes, qui, à la vérité, ne connaissaient pas suffisamment le Muséum, ont prétendu que les fonctions d'aides-naturalistes étaient des places pour des jeunes gens. Or, en admettant même que des jeunes gens fussent assez capables et ins-

---

(1) Ils étaient bien mieux partagés autrefois, puisqu'ils avaient 3,000f. d'appointements, et cependant à une époque où la valeur de l'argent était plus élevée.

pirassent assez de confiance pour remplir ces fonctions, ils ne resteraient pas toujours jeunes, et quel sort leur serait réservé, lorsqu'ils auraient vieilli dans l'emploi d'aide-naturaliste? Si des personnes très instruites ont souvent sollicité les fonctions d'aide-naturaliste, c'est parce qu'autrefois l'administration du Muséum étant plus paternelle et plus conséquente avec les vues qui ont présidé à l'institution de cet établissement, les aides-naturalistes devenaient ordinairement professeurs. Mais depuis une certaine époque les prérogatives des aides-naturalistes ont bien changé. On pourrait, en effet, citer un savant célèbre, membre de l'Institut, qui est resté aide-naturaliste jusque vers la fin de sa longue carrière; un autre membre de l'Institut qui est aide-naturaliste depuis plus de dix ans, et qui n'a pas encore aujourd'hui 3,000 fr. d'appointements; un troisième membre de l'Institut, qui est l'un des plus illustres botanistes de l'époque et qui, cependant, reçoit un traitement de 1,800 fr.; un des plus savants professeurs de la Sorbonne qui a été pendant au moins vingt années aide-naturaliste aux appointements de 1,900 fr; plusieurs aides-naturalistes qui ont suppléé des professeurs, qui comptent de longs services, qui ont publié de nombreux travaux et qui pourtant sont réduits à des traitements de 2,400 fr. et même inférieurs à 2,000 fr. Au reste, il serait facile de multiplier les citations de ce genre; mais nous nous bornerons aux précédentes.

Nous ne pouvons oublier une opinion, au moins étrange, qui a été naguère émise et soutenue avec une certaine persuasion, quoiqu'elle ne mérite aucune discussion sérieuse. Des personnes de renom ont dit qu'il fallait avoir de la fortune pour être aide-naturaliste, et qu'on devait choisir pour remplir cet emploi des jeunes gens fortunés, parce que jouissant d'une aisance convenable, et par suite ne tenant pas au taux des appointements, ils feraient de l'histoire naturelle par goût de la science, par récréation. Or, quel est le nombre des personnes qui voudraient se résigner à remplir sérieusement de pareilles fonctions? D'ailleurs, à ce compte, bien des professeurs d'autrefois et des professeurs actuels du Muséum, qui ont été préparateurs ou aides-naturalistes, ne seraient jamais devenus professeurs. Enfin est-il permis d'admettre dans l'intérêt de la science, dans celui du Muséum, que l'intelligence et le savoir sans fortune peuvent être exclus ?

Des considérations, analogues à celles qui ont été exposées précédemment, peuvent être invoquées en faveur des autres employés du Muséum, et démontreraient au besoin qu'ils doivent
avoir des appointements qui leur permettent de vivre honorable-
ment suivant leurs positions respectives : à cette condition seulement le Muséum pourra avoir des employés capables, dévoués et
consciencieux.

Logements.

Des logements ne devraient être attribués qu'aux employés qui
ont une responsabilité réelle et dont le service est pour ainsi dire
permanent. Voici la liste des employés qui auraient droit à un
logement, ou auxquels on pourrait en accorder : directeur, secrétaire-général, professeurs, comptable, architecte, inspecteur
du service du matériel, inspecteur du service des galeries et des
cours, professeurs-adjoints, conservateur de la ménagerie, jardiniers-chefs, bibliothécaire, un certain nombre d'employés du
service actif.

Seraient obligés d'habiter le Muséum : le directeur, le secrétaire-général, le comptable, l'inspecteur du service du matériel,
l'inspecteur du service des galeries et des cours, le conservateur
de la ménagerie, les jardiniers-chefs, le bibliothécaire, un certain nombre d'employés du service actif.

Les logements seraient en rapport avec les appointements et
les fonctions : leur importance devrait représenter le 1/5 du maximum des appointements. De cette manière il n'arriverait pas,
comme aujourd'hui, que des employés inférieurs, qui ne sont
tenus à aucune représentation, aient des logements plus convenables que ceux de certains employés supérieurs.

Si un employé qui ne serait pas tenu de demeurer au Muséum,
n'occupait pas personnellement ou ne voulait pas occuper le logement qui lui aurait été destiné, il perdrait son droit ou le bénéfice
de logement ; et le logement qui lui aurait été destiné serait accordé à un autre employé, ou recevrait provisoirement une autre
destination.

A l'époque de la retraite d'un employé, ou dans les cas de dé-
mission, de destitution et de décès, son logement deviendrait
vacant.

Le directeur accorderait les logements et statuerait sur tout ce qui les concernerait ; mais il ne serait pour aucun motif dérogé aux règles établies ci-dessus.

Retraites.

Dans l'état actuel du Muséum, il n'y a pas de retraites ; de là des employés trop âgés pour remplir convenablement leurs fonctions, des employés infirmes qui ne figurent que sur les registres, et une multitude d'inconvénients graves soit pour le Muséum et la science, soit pour les employés eux-mêmes ; l'enseignement, qui a besoin de suivre constamment les progrès, souffre surtout de cet état de choses. La justice et les intérêts du Muséum réclament donc un système de retraites. Mais, comme il n'y a pas de fonds spéciaux pour subvenir à la dépense qu'occasionnerait l'institution de retraites ordinaires, et comme il serait difficile, vu la situation actuelle des finances publiques, d'obtenir aujourd'hui un crédit à cet effet, on adopterait provisoirement le mode suivant de retraites.

Après vingt-cinq années de service dans le Muséum, le directeur, le secrétaire-général, le comptable, les professeurs, en un mot tous les employés toucheraient chacun pour retraite la moitié de leurs appointements respectifs, qui serait prélevée sur le maximum des appointements de leurs successeurs.

Avant vingt-cinq années de service dans le Muséum, les employés ne toucheraient pour retraite qu'une somme proportionnelle au nombre d'années de service, chaque année correspondant à $1/25$ de la retraite maximum.

L'employé qui succèderait à un autre employé mis à la retraite, ne pourrait toucher le maximum des appointements attribués à sa place qu'après l'extinction du service de la retraite.

Nul ne pourrait cumuler deux retraites, qu'elles fussent dépendantes ou non du même ministère, ni une retraite du Muséum avec un emploi de l'État. Néanmoins certains employés pourraient obtenir des places de concierges ou analogues ; mais alors leurs retraites seraient réduites à la moitié.

Seraient obligatoirement mis à la retraite :

Le directeur, à . . . . 75 ans d'âge;

Le secrétaire-général, à . . . . . . 70 »

Le comptable, à . . . . 60 »
Les professeurs, à . . . . 70 »
Les professeurs-adjoints, à . . . . . . 60 »
Les préparateurs-conservateurs, à . . . . 60 »
Les préparateurs, à . . . . 60 »
Le conservateur de la ménagerie, à . . . 60 »
Les jardiniers-chefs, à . . . . 60 »
Les maîtres de dessin, à . . . . 60 »
Le bibliothécaire, à . . . . 70 »
Le sous-bibliothécaire, à . . . . 65 »
L'inspecteur du service du matériel, à . . . 60 »
L'inspecteur du service des galeries et des cours, à 60 »
Tous les autres employés, à . . . . . . 60 »

Les professeurs mis à la retraite seraient nommés professeurs honoraires.

Cours.

Les cours auraient lieu pendant dix mois. On ferait la moitié des cours pendant le premier semestre, du 1er novembre au 1er avril ; l'autre moitié pendant le deuxième semestre, du 1er avril au 1er septembre. Les cours ne pourraient être intervertis à moins de cas extraordinaires, encore faudrait-il l'autorisation écrite du ministre après l'avis du directeur.

Huit jours avant le commencement de chaque semestre on afficherait le programme général des cours, avec indication des jours et des heures de chaque cours.

Cours du premier semestre : Mammifères et oiseaux, reptiles et poissons, anatomie comparée, botanique théorique, culture, minéralogie, physique du globe et géographie physique.

Cours du deuxième semestre : Insectes, mollusques et animaux inférieurs, physiologie comparée, botanique descriptive, géographie zoologique, géographie botanique, paléontologie, géologie.

Les cours de dessin, les excursions et les voyages auraient lieu pendant le deuxième semestre.

En hiver, les cours ne pourraient être faits que depuis 9 heures du matin jusqu'à 3 heures de l'après-midi ; en été, que depuis 8 heures du matin jusqu'à 4 heures de l'après-midi.

Une salle de travail serait mise à la disposition des élèves (1). En hiver, elle serait ouverte à 9 heures du matin et fermée à 4 heures de l'après-midi ; en été, elle serait ouverte à 8 heures du matin et fermée à 5 heures de l'après-midi.

Programme des cours.

Les cours doivent être faits sous le point de vue des sciences naturelles ; par conséquent, ceux qui s'en seraient éloignés devraient être ramenés à ce point de vue.

Le programme des cours serait proposé au ministre par le conseil des professeurs, en suivant l'intermédiaire du directeur, qui donnerait son avis ; et le ministre, après avis du conseil supérieur, arrêterait définitivement le programme.

Néanmoins, au commencement de chaque année on pourrait, dans l'intérêt du Muséum, apporter des modifications au programme. Elles seraient proposées soit par le conseil supérieur, soit par le directeur, soit enfin par le conseil des professeurs, en passant par l'intermédiaire du directeur, qui donnerait son avis. Mais aucune modification ne pourrait avoir lieu sans l'avis préalable et motivé du conseil des professeurs et du directeur. Les propositions qui seraient faites par le conseil des professeurs, et les procès-verbaux du conseil, seraient transmis par le directeur, avec son avis au ministre qui, après l'avis du conseil supérieur, statuerait sur les propositions.

Durée des cours.

Chaque cours durerait de quatre à cinq mois, suivant la nature du cours.

Le professeur ferait deux leçons par semaine ; chaque leçon durerait au moins une heure et au plus une heure et demie (2).

Démonstrations pratiques.

Aussitôt que les leçons sur les notions générales, qui sont ordinairement exposées au commencement d'un cours, seraient

(1) On pourrait affecter l'une des salles de la Bibliothèque.
(2) Ces bases ne concernent pas les cours de dessin : un réglement spécial du directeur, après avis du conseil du Muséum, déterminerait le nombre de leçons par semaine, ainsi que leur durée.

terminées, il serait fait après chaque leçon une démonstration pratique par le professeur-adjoint ou par le préparateur-conservateur correspondant à la chaire, ou en l'absence de ceux-ci par un préparateur Cette démonstration qui aurait pour base le programme des matières de la leçon du professeur, serait faite dans les galeries, les jardins, les serres ou les amphithéâtres. Elle durerait au moins une demi-heure et au plus une heure.

Les élèves inscrits pourraient seuls assister à la démonstration.

Service des cours.

Le professeur donnerait, au moins un jour d'avance, la note des objets nécessaires à la leçon, au professeur-adjoint, qui remettrait ces objets au professeur ou au préparateur, au plus tard deux heures avant la leçon. Les objets qui auraient servi à une leçon seraient remis à leur place ordinaire par le professeur-adjoint, au plus tard huit jours après leur sortie de la collection. S'il n'y avait pas pour la partie un professeur-adjoint, le préparateur conservateur correspondant se conformerait, pour la prise et la remise des objets appartenant à la collection spécialement affectée à la chaire, aux règles établies pour le professeur-adjoint ; ou bien, s'il était nécessaire et s'il n'y avait pas de collection correspondant à la chaire, il demanderait, après l'autorisation du directeur, les objets pour les leçons à celui des professeurs-adjoints qui aurait ces objets dans les collections mises sous sa garde.

Suppléances pour les cours.

Le cours régulier des leçons ne pourrait être interrompu, sauf le cas d'impossibilité matérielle dans laquelle on se trouverait d'avoir le temps nécessaire de pourvoir au remplacement temporaire du professeur.

Les professeurs pourraient, en cas d'absence ou de maladie, se faire suppléer après l'autorisation du directeur.

Le professeur-adjoint correspondant au professeur empêché serait de droit suppléant, et remplacerait celui-ci immédiatement après qu'il aurait reçu la nouvelle officielle de l'empêchement du professeur.

Si le professeur-adjoint déclinait l'honneur de la suppléance, ou s'il n'y avait pas de professeur-adjoint correspondant à la chaire, il serait pourvu au remplacement temporaire du professeur par une nomination spéciale du directeur, après avis du conseil des professeurs s'il le jugeait nécessaire. Quand il s'agirait d'un remplacement pour toute la durée du cours, s'il n'y avait pas de professeur-adjoint correspondant à la chaire, le professeur pourrait présenter un candidat au conseil des professeurs, qui pourrait lui-même adjoindre un autre candidat, et le directeur nommerait ensuite ; mais cette nomination n'aurait d'effet que pour une année, et nul ne pourrait être candidat s'il ne réunissait les conditions d'admissibilité, sauf celle d'avoir professé, exigées des candidats aux places de professeurs.

Le suppléant, quel qu'il fût, toucherait la moitié des appointements du professeur s'il faisait le cours entier, le quart s'il faisait la moitié du cours, et ainsi de suite.

Le suppléant serait en même temps chargé du service du laboratoire du professeur, si celui-ci ne pouvait non plus vaquer à ce service.

Après trois années d'absence du professeur, il serait pourvu à son remplacement définitif.

Le directeur, sur l'avis motivé du conseil du Muséum, que cet avis fût demandé par le directeur ou qu'il émanât directement du conseil, pourrait retirer la suppléance à tout suppléant.

Suppléances autres que celles des professeurs.

Le directeur statuerait sur toutes les suppléances autres que celles qui seraient relatives aux professeurs, après avoir pris l'avis du conseil du Muséum, s'il le jugeait nécessaire.

Excursions et voyages.

Certains professeurs seraient tenus à des excursions aux environs de Paris, et à des voyages, soit en province, soit à l'étranger, pour conduire les élèves qui désireraient apprendre à voyager en naturalistes, ou pour étudier des questions spéciales.

Les professeurs qui seraient tenus à faire des excursions ou des voyages seraient ceux de géologie, de culture, de botanique descriptive, d'entomologie.

Les professeurs qui ne voudraient ou ne pourraient faire les excursions ou les voyages, seraient remplacés pour ce service par les professeurs-adjoints ou par les suppléants.

Les excursions auraient lieu pendant la durée du cours. Le professeur ou le suppléant en proposerait le nombre au directeur, qui statuerait après l'avis du conseil du Muséum, si le directeur croyait nécessaire de demander un avis à ce conseil.

Les voyages dureraient de un mois à trois mois.

Le professeur ou le suppléant proposerait l'époque, le lieu, le but et la durée du voyage au directeur, qui statuerait après avoir pris l'avis du conseil du Muséum, s'il le jugeait nécessaire.

Le programme du voyage serait annoncé un mois d'avance. Le professeur ou le suppléant serait tenu de présenter au directeur un rapport sur chaque voyage. Ce rapport serait imprimé dans les mémoires du Muséum.

Elèves.

Il y aurait des élèves reconnus par le Muséum. Ils seraient inscrits sur un registre spécial, et recevraient des cartes d'admission signées par le directeur et par le secrétaire-général.

Les élèves passeraient trois années au Muséum. Au commencement de la 2ᵉ année scholaire, ils seraient divisés suivant leur choix en trois catégories : 1° sciences zoologiques ; — 2° sciences botaniques ; — 3° sciences minéralogiques et géologiques.

Ils subiraient des examens à la fin de chaque année ; un registre spécial indiquerait les notes obtenues à chaque examen.

Les élèves qui auraient répondu d'une manière satisfaisante à l'examen de 1ʳᵉ année, recevraient un certificat d'aptitude signé par le directeur et par le secrétaire-général. Ceux qui auraient obtenu le certificat d'aptitude et qui auraient répondu d'une manière satisfaisante aux examens de 2ᵉ et 3ᵉ année, recevraient un diplôme signé par le directeur et par le secrétaire-général.

Les élèves qui auraient obtenu le diplôme après la 3ᵉ année, seraient admissibles à certains emplois du Muséum de Paris, des musées et jardins départementaux, des facultés des sciences.

Mais pour quelques-uns de ces emplois, il faudrait qu'ils eussent obtenu du ministre la conversion de leur certificat d'aptitude, ou de leur diplôme, en diplômes universitaires, comme il sera indiqué plus loin (1).

Les élèves qui auraient obtenu le diplôme à la fin de la 3ᵉ année seraient de droit correspondants du Muséum.

Examens.

Les examens auraient lieu à la fin de l'année scholaire.

Les matières du 1ᵉʳ examen comprendraient des notions générales sur toutes les sciences naturelles ; celles du 2ᵉ examen comprendraient les éléments des sciences enseignées dans une catégorie ; celles du 3ᵉ examen comprendraient l'enseignement approfondi dans la même catégorie.

Les élèves qui auraient obtenu le diplôme, pourraient être admis, comme il sera dit plus loin, à soutenir des thèses.

Les examens seraient gratuits. Ils seraient faits par les professeurs, les professeurs-adjoints et les jardiniers-chefs à tour de rôle.

Les jurys d'examens seraient composés de la manière suivante :

Pour les examens de 1ʳᵉ année.

Un professeur ; — deux professeurs-adjoints.

Pour les examens de 2ᵉ année.

Un professeur ; — deux professeurs-adjoints.

Pour les examens de 3ᵉ année.

Un professeur ; — deux professeurs-adjoints, ou un professeur-adjoint et un jardinier-chef suivant la catégorie.

Pour les thèses.

Trois professeurs.

(1) Nous supposons ici que la Faculté des sciences conserverait le droit exclusif de conférer les grades dans les sciences naturelles, quoiqu'il nous paraisse plus rationnel de donner ce privilége au Muséum d'histoire naturelle et de supprimer à la Sorbonne l'enseignement des sciences naturelles. Le Muséum, où l'enseignement des sciences naturelles est plus complet et où les collections sont plus riches qu'à la Sorbonne, deviendrait dès-lors, comme nous l'a très judicieusement fait observer un illustre savant, une grande faculté des sciences naturelles ; et la Faculté des sciences serait limitée à une faculté des sciences mathématiques et physiques.

Conversion du certificat d'aptitude et du diplôme.

D'après les programmes de l'Université, pour obtenir le di-plôme de bachelier ès-lettres, il faut faire preuve de notions élé-mentaires en mathématiques, en physique, en chimie et en cos-mographie. D'un autre côté, les étudiants en médecine suivent dans les facultés de médecine des cours spéciaux de chimie et de physique, et sont obligés de subir des examens sur ces sciences. Il n'y aurait donc pas d'inconvénients, selon nous, à pouvoir convertir en faveur des étudiants en médecine, qui seraient ba-cheliers ès-lettres, le certificat d'aptitude délivré par le Muséum en un diplôme soit de bachelier ès-sciences physiques, soit de bachelier ès-sciences naturelles. Peut-être même trouverait-on de grands avantages dans une pareille mesure : car souvent tel qui pourrait devenir un excellent médecin, se voit forcé de re-noncer à la carrière de la médecine, faute du diplôme de ba-chelier ès-sciences physiques.

Ainsi l'élève du Muséum qui serait bachelier ès-lettres, pour-rait obtenir, du ministre, la conversion du certificat d'aptitude en un diplôme de bachelier ès-sciences naturelles ou en celui de bachelier ès-sciences physiques pour les études médicales (1).

L'élève du Muséum qui serait bachelier ès-lettres, pourrait obtenir du ministre la conversion du diplôme, donné à la fin de

(1) De même qu'il y a un baccalauréat ès-sciences mathématiques et un baccalauréat ès-sciences physiques, nous désirerions qu'il fût insti-tué un baccalauréat ès-sciences naturelles, et que par conséquent les programmes des deux premiers baccalauréats fussent modifiés d'après ces vues. En limitant le programme de chaque baccalauréat spécial à des sciences de même nature et aux notions les plus élémentaires sur les autres sciences, on aurait des examens plus sérieux et des candidats moins superficiels ; d'un autre côté on conserverait à chaque ordre de sciences son véritable cachet, qui tend à s'effacer chaque jour, comme par exemple la minéralogie, science essentiellement naturelle, et qui ce-pendant est aujourd'hui rangée parmi les sciences physiques d'après les nouveaux programmes universitaires. Il nous paraîtrait rationnel aussi de ne pas exiger le baccalauréat ès-lettres pour les grades dans les scien-ces, avec d'autant plus de motifs que souvent on a été obligé de confé-rer le titre de bachelier ès-lettres à des savants qui, faute d'études suf-fisantes dans les lettres, n'auraient pu obtenir des grades dans les sciences.

la 3ᵉ année, en un diplôme de licencié ès-sciences naturelles.

Enfin l'élève du Muséum qui serait bachelier ès-lettres, et qui aurait le diplôme de 3ᵉ année, pourrait obtenir du ministre la conversion du certificat de réception à l'examen de deux thèses en un diplôme de docteur ès-sciences naturelles.

Dans tous les cas, aux yeux du Muséum, le certificat d'aptitude correspondrait au grade de bachelier ès-sciences naturelles; le diplôme, au grade de licencié ès-sciences naturelles; le certificat après l'examen des deux thèses, au grade de docteur ès-sciences naturelles.

Collections.

Avant de passer à la disposition des collections, nous devons dire un mot sur une mesure qui a été réclamée de divers côtés, avec plus ou moins d'insistance, et qui consisterait à interdire à tout employé du Muséum la faculté de posséder personnellement une collection d'objets d'histoire naturelle. Cette réclamation peut être fondée; mais suivant nous, dont le but en écrivant ce projet est plutôt de remédier aux abus que de les signaler, la mesure réclamée est inutile : car avec le système de réorganisation que nous proposons il deviendrait impossible de distraire le moindre objet du Muséum; et, si jamais une soustraction pouvait avoir lieu, elle serait immédiatement connue, et l'employé qui s'en serait rendu coupable, répondrait de sa faute devant qui de droit. Dans l'état actuel du Muséum, tout le monde est moralement responsable; mais en définitive personne ne l'est, ni ne peut l'être de fait; tandis qu'au moyen du système que nous proposons, en déterminant exactement les fonctions, les attributions et la responsabilité de chacun, il serait très facile de se rendre compte de tous les objets, de tous les actes et de s'adresser à l'employé réellement responsable. D'un autre côté, interdire aux membres du Muséum la faculté d'avoir personnellement une collection pourrait devenir une mesure très préjudiciable à la science. Si Haüy n'avait pas eu en propriété sa petite collection, dont il classait et détériorait les échantillons comme il l'entendait, quand il le voulait, aurait-il créé la cristallographie? et bien d'autres savants privés des matériaux qu'ils ont recueillis ou rassemblés, pourraient-ils écrire les résultats de leurs voyages, ou de leurs recherches dans le cabinet?

Classifications.

Il n'est pas besoin de faire ressortir les inconvénients résultant d'un système de classification qui n'est pas uniforme et d'une classification inédite : tout le monde les comprend. Nous nous bornerons donc à dire : 1° qu'il est matériellement impossible de faire un catalogue régulier, toujours conforme à la collection, si le système de classification n'est pas uniforme et invariable ; 2° qu'une classification inédite est inintelligible à peu près pour tous, si ce n'est pour celui qui l'a faite ; 3° qu'une classification qui comprend souvent dix mille objets, et même davantage, ne peut être fréquemment remaniée sans entraîner un désordre incalculable ; 4° qu'un professeur ne doit pas changer de son propre mouvement une classification due aux longues méditations de son prédécesseur. Il nous serait facile au besoin de démontrer l'exactitude de ces observations par des détails puisés soit dans l'état actuel des choses, soit dans les annales du Muséum.

En conséquence, chaque collection serait disposée d'après une classification uniforme, publiée, discutée et arrêtée en commission. Cette commission serait, sous la présidence du directeur, composée des professeurs, des professeurs-adjoints et de l'employé qui aurait la collection dans ses attributions.

Tous les dix ans, on statuerait sur les classifications. Les professeurs ou les professeurs-adjoints présenteraient des propositions, sur le maintien ou sur le changement des classifications, au directeur, qui les soumettrait à la commission des classifications. Dans tous les cas, le directeur devrait réunir tous les dix ans la commission dont il vient d'être parlé.

Collections des objets d'histoire naturelle renfermés dans les galeries.

Tous les échantillons seraient numérotés et étiquetés en détail ou en bloc, suivant qu'ils seraient destinés aux collections des galeries ou aux collections des magasins. Les numéros correspondraient à ceux d'un registre d'entrée.

L'un des numéros indiquerait l'année de l'entrée, l'autre celui de l'ordre d'enregistrement ; par exemple : 1825-66, c'est-à-dire année 1825, n° 66. Pour les échantillons dont on ne pourrait trouver l'année d'entrée, on adopterait un signe particulier; par exemple la lettre X. Les étiquettes comprendraient au moins: 1° La dénomination scientifique avec le nom abrégé de l'auteur; 2° autant que possible, mais entre parenthèses, le nom vulgaire dans le pays d'où provient l'objet, et la synonymie; 3° le nom du donateur.

Tous les échantillons seraient, à la diligence du professeur, du professeur-adjoint ou de l'employé correspondant, mis en place dans les galeries, à l'exception de ceux qui seraient réservés aux dons ou échanges, et qui seraient disposés en ordre dans des magasins de réserve spéciaux. Il en serait de même des modèles, moules, etc.

Aucun échantillon, modèle, etc, des galeries ne pourrait être prêté, sauf des cas extraordinaires: mais alors il faudrait une autorisation écrite du directeur. Une indication détaillée serait mise à la place de l'objet, et un registre spécial serait tenu à cet effet. L'autorisation du directeur et le reçu seraient placés dans un dossier.

Il y aurait pour chaque partie deux collections : l'une pour l'étude, dans les galeries, jardins, etc.; l'autre pour les leçons.

La seconde pourrait ne pas être en apparence. La collection d'étude dans les galeries ne fournirait jamais ou que très rarement des objets pour les leçons.

Le professeur-adjoint, ou tout autre employé correspondant, aurait seul le dépôt des collections, et il en serait responsable (1). Des employés, sous ses ordres et sa surveillance, seraient chargés du service du matériel et de la propreté des collections.

---

(1) Puisque le professeur-adjoint serait chargé de la conservation des collections et qu'il en serait responsable, ne paraîtrait-il pas naturel qu'il eût seul les clefs des collections; car il ne pourrait y avoir de responsabilité sérieuse si les clefs étaient en plusieurs mains: on retomberait dans les inconvénients d'aujourd'hui. Pour les objets d'une grande valeur, tels que pierres précieuses, il y aurait deux serrures différentes; le directeur ou le professeur aurait la clef de l'une des serrures, et le professeur-adjoint la clef de l'autre serrure.

Collections des objets d'histoire naturelle renfermés dans les magasins de réserve.

Tous les échantillons des magasins de réserve seraient numérotés et étiquetés au moins en bloc. Ces échantillons principalement destinés soit aux dons, soit aux échanges, seraient mis en ordre dans les magasins de réserve. Le professeur-adjoint serait responsable des objets que renfermeraient ces magasins. Il ne pourrait disposer d'aucun objet sans une autorisation en forme, comme il a été dit plus haut, ou comme il sera indiqué plus loin.

Collections des instruments, cartes, etc.

Tous les instruments, cartes, etc., seraient enregistrés. Les objets qui seraient déposés dans les galeries, dans les magasins et dans les laboratoires seraient mis sous la conservation et la responsabilité du professeur-adjoint.

Collections des jardins et des serres.

Le directeur, après l'avis du conseil du Muséum, établirait par un réglement spécial les mesures d'ordre et de police qui seraient nécessaires aux collections des jardins et des serres.

Ménagerie.

Il y aurait, pour le service de la ménagerie, un conservateur qui serait chargé de la direction de cette partie importante du Muséum. Il ne relèverait que du directeur.

Après l'avis du conseil du Muséum, le directeur établirait par un règlement les mesures d'ordre et de police pour le service de la ménagerie.

Bibliothèque.

Un réglement spécial fait par le directeur, après avis du conseil du Muséum, s'il le jugeait nécessaire, déterminerait les détails relatifs au service de la bibliothèque. Il aurait surtout pour objet : le classement des ouvrages, la confection des catalogues, les acquisitions et les mesures de police.

Aucun ouvrage ne pourrait être prêté pour un délai de plus de huit jours. On suivrait, pour les prêts d'ouvrages, la marche adoptée pour les objets des collections des galeries.

Une salle de travail serait spécialement mise à la disposition des employés du Muséum.

Il y aurait un catalogue des auteurs par ordre alphabétique ; un catalogue par ordre de matières ; un catalogue par ordre géographique.

? Ces catalogues seraient imprimés et auraient, chaque année, un supplément.. ? Tous les dix ans, les catalogues seraient réimprimés.

Conservation des collections.

Il y aurait pour chaque partie spéciale, ayant une collection importante d'objets d'histoire naturelle, un professeur-adjoint avec des employés, sous ses ordres, suivant l'importance de la collection et du service.

Pour les autres parties, il y aurait un préparateur-conservateur.

Le professeur-adjoint ou le préparateur-conservateur serait chargé, comme il a déjà été dit, de la conservation de la collection.

Le professeur correspondant à une collection inspecterait cette collection et les magasins au moins une fois par mois, en présence du professeur-adjoint ou du préparateur conservateur. Il ferait à cet employé, dans l'intérêt de la collection, toutes les observations qu'il croirait utiles, et adresserait, s'il y avait lieu, un rapport au directeur, qui statuerait après avoir entendu le professeur-adjoint ou le préparateur-conservateur.

Catalogues, registres et inventaires.

Il y aurait pour chaque partie : 1° un registre d'entrée ; — 2° un registre de sortie ; — 3° un catalogue de la collection par ordre alphabétique ; — 4° un catalogue de la collection par ordre de matières, et conforme à la classification adoptée ; — 5° un catalogue des donateurs par ordre alphabétique ; — 6° un registre des instruments, cartes, etc.; — 7° un registre des dons et échanges ; - 8° un registre de comptabilité ; — 9° un inventaire de tous les objets de chaque laboratoire, atelier, magasin, servitude, etc.; objets qui seraient sous la responsabilité de l'employé chef, sous la direction duquel serait le laboratoire, ou l'atelier, etc. Ces registres, catalogues et inventaires devraient toujours être au courant.

Les catalogues nos 3, 4 et 5 seraient imprimés; et un supplément pour chacun de ces catalogues serait imprimé à la fin de chaque année. Après dix années, c'est-à-dire après la révision des classifications, les catalogues seraient réimprimés et les suppléments seraient fondus dans leurs catalogues respectifs. Il serait déposé au moins un exemplaire de chaque catalogue : 1° à la direction du Muséum ; 2° dans le lieu de la collection ; 3° dans les laboratoires correspondants ; 4° à la bibliothèque.

Enfin on tâcherait de dresser un catalogue de la collection par ordre géographique des objets.

Publications.

Le Muséum publierait chaque année les résultats généraux de ses travaux, de ses recettes et de ses dépenses. Le secrétaire-général serait spécialement chargé de cette publication.

Il y aurait, en outre, une publication scientifique : *Mémoires du Muséum*. Tous les membres du Muséum, ainsi que les correspondants officiels de cet établissement, pourraient y concourir. Mais les matières de cette publication (mémoires, notices, comptes-rendus, rapports, discours, etc.) seraient préalablement soumises à l'approbation du conseil du Muséum et à l'autorisation du directeur, qui, sur l'avis du conseil, arrêterait les matières devant composer annuellement les mémoires du Muséum.

Le bibliothécaire serait ensuite chargé de veiller à la publication de ces mémoires.

Le directeur statuerait sur toutes les dépenses que pourraient entraîner ces publications, et traiterait, s'il y avait lieu, avec un éditeur. Enfin, le directeur statuerait sur la distribution des exemplaires de ces publications.

Séances publiques.

Il y aurait une séance publique à la fin de chaque année scolaire. Le directeur prendrait des mesures pour qu'au moins le tiers des employés de certaines catégories assistât à cette séance. Un arrêté spécial du directeur déterminerait le rang que devrait occuper chaque catégorie d'employés.

La séance publique serait présidée par le ministre ou son délégué, ou par un membre du conseil supérieur, ou enfin par le directeur. Le secrétaire-général y lirait le rapport général des travaux, des recettes et des dépenses du Muséum. On y délivrerait les certificats et les diplômes aux élèves du Muséum. On pourrait y lire des éloges sur les membres du Muséum ou les correspondants décédés. Les voyageurs pourraient y lire des notices historiques sur leurs voyages. On pourrait aussi y lire des discours sur les progrès des sciences naturelles. Il serait enfin utile de pouvoir y décerner des prix sur certaines questions qui auraient été mises au concours.

Un procès-verbal de la séance publique serait signé par le directeur et le secrétaire-général.

Correspondance.

Le Muséum, par l'intermédiaire du ministre et des inspecteurs départementaux, établirait et entretiendrait des relations suivies avec les Musées d'histoire naturelle et jardins botaniques des départements. Par l'intermédiaire du ministre, des voyageurs, des chargés de missions et des correspondants, il entrerait en relation, toutes les fois qu'il le croirait utile, avec les établissements d'histoire naturelle de l'étranger, les agents diplomatiques et consulaires de la France.

Le Muséum nommerait un certain nombre de correspondants soit en France, soit à l'étranger. Les directeurs des musées et des jardins départementaux, ainsi que les élèves qui auraient obtenu des diplômes du Muséum, seraient de droit correspondants. Un arrêté spécial du directeur établirait les conditions pour la nomination des autres correspondants.

Réception des objets.

Tous les envois devraient être adressés au directeur. A la réception des objets acquis ou envoyés, le directeur en donnerait ou ferait donner avis au chef du service auquel les objets seraient destinés. Le chef de service, ou son délégué, assisterait au déballage, à l'ouverture des caisses, etc., qui auraient lieu sous la direction d'un préposé du directeur. Les objets étant reconnus et collationnés, seraient livrés au chef de service contre un reçu. Ce reçu serait enregistré à la direction ; le numéro d'ordre de l'enregistrement serait remis au chef de service qui aurait fait le reçu ; et ce numéro d'ordre serait reproduit sur le registre d'entrée du laboratoire du chef de service.

Achats d'objets pour les collections.

Les propositions d'acquisitions seraient faites par : 1° le professeur ; 2° le conservateur de la ménagerie ; 3° les jardiniers-chefs ; 4° le bibliothécaire, au directeur qui statuerait, après avoir consulté le conseil du Muséum, s'il le jugeait nécessaire.

Le directeur pourrait faire directement des acquisitions ; il en serait de même pour le professeur ; mais celui-ci ne pourrait faire directement une acquisition qui dépasserait cent francs ; de plus chaque acquisition faite par le professeur porterait un numéro d'ordre, qui serait reproduit sur la facture et sur le registre d'entrée (1).

Dons, envois et échanges.

Le directeur ferait connaître au conseil du Muséum les dons, les propositions d'échanges, et les envois des voyageurs ou des correspondants. Il demanderait, s'il y avait lieu, des rapports sur ces dons, envois et propositions d'échanges. Il statuerait sur les suites à donner, soit aux propositions d'échanges, soit aux envois, soit enfin aux dons.

---

(1) Quant aux objets nécessaires aux services ordinaires des laboratoires, des collections, des ateliers, etc., ils seraient demandés à la direction, au moyen de bons signés par le chef de service ; puis ces bons, après avoir reçu l'approbation et la signature du directeur ou du secrétaire-général, seraient renvoyés aux employés chargés de donner suite aux demandes. Après la livraison des objets, les bons signés une seconde fois par le chef de service seraient reportés à l'administration. Dans tous les cas les bons seraient enregistrés dans chaque service par lequel ils passeraient. Un arrêté du directeur déterminerait la marche à suivre pour les services ordinaires dont il est ici question.

Demandes d'objets d'histoire naturelle.

Toutes les demandes devraient être adressées au directeur ; elles seraient numérotées et enregistrées.

Le directeur statuerait sur ces demandes, après l'avis du conseil du Muséum, et l'autorisation du ministre, s'il le jugeait nécessaire. Le directeur en saisirait ensuite l'employé ou les employés dans les attributions desquels rentreraient les objets demandés. Puis ceux-ci feraient connaître officiellement au directeur l'exécution des ordres, et remettre à la direction les objets avec les catalogues, dont ils auraient conservé une copie pour la réunir aux dossiers des demandes respectives. Dans tous les cas rien ne pourrait être accordé sans l'autorisation en forme du directeur.

Seraient plus spécialement admises les demandes qui auraient été adressées par les établissements scientifiques ou d'instruction, par les autorités, par les sociétés et par les comices.

Le Muséum pourrait accorder des graines, des plantes, des fleurs, des œufs, des animaux, des fossiles, des modèles, des moules, etc.

Entrées dans les galeries, les jardins et la bibliothèque.

Toutes les entrées seraient gratuites. Le public serait admis comme il l'est actuellement ; seulement, pour les galeries et certaines parties des jardins, on ajouterait aux jours d'entrée les dimanches, mais non les jours des grandes fêtes. Les heures et jours actuellement réservés pour des cartes seraient maintenus.

Les élèves du Muséum pourraient être admis, dans les galeries, tous les jours, les dimanches et jours de fêtes exceptés, depuis 10 heures du matin jusqu'à 3 heures de l'après-midi, et dans les jardins, depuis 8 heures du matin jusqu'à 4 heures de l'après-midi. Le directeur déterminerait, par un arrêté, les jours et les heures d'entrée dans les serres pour les élèves.

Les entrées de la bibliothèque resteraient fixées comme elles le sont actuellement.

Un réglement fait par le directeur établirait les détails et les mesures de police relatifs aux entrées dans les différentes parties du Muséum.

Ateliers et magasins.

Il nous est impossible, sans entrer dans des détails que ne comporte pas la généralité de cette note, de spécifier les améliorations à introduire dans les ateliers et les magasins qui leur correspondent ; mais nous ne doutons pas qu'au moyen de sages mesures on éviterait les lenteurs qui sont toujours préjudiciables aux divers services d'un grand établissement, et qu'on réaliserait d'importantes économies. C'est pourquoi nous pensons que le directeur devrait, après avis du conseil du Muséum et celui de l'inspecteur du service du matériel, établir, par un arrêté spécial, les différentes parties qu'embrasse le service des ateliers et des magasins.

Servitudes et chantiers.

Aujourd'hui, le service des chantiers et des servitudes n'est ni assez uniforme, ni assez régulier : il passe trop dans des mains différentes ou bien n'appartient à personne. Il est donc indispensable de régulariser ce service important, dont une partie devrait revenir à l'inspecteur du service du matériel, et dont l'autre partie devrait appartenir aux jardiniers-chefs : il s'agirait seulement de préciser ce qui devrait être sous la direction des uns et des autres.

Le directeur du Muséum réglerait, par un arrêté, le service des chantiers et servitudes.

Budget.

Le budget ordinaire du Muséum peut être divisé en trois parties ou services : 1° service de la direction et du personnel ; 2° Service scientifique ; 3° service du matériel.

Or, pour une répartition intelligente des fonds consacrés au service scientifique, il serait nécessaire que le directeur consultât chaque année le conseil du Muséum. Celui-ci ferait connaître les besoins de chaque partie pour les cours, démonstrations, expériences, excursions, voyages, missions, collections de tout genre ; il proposerait un budget et une répartition pour chaque partie au directeur, qui réglerait ces budgets particuliers du service scientifique, d'après les besoins des autres services et les ressources du

Muséum , et qui arrêterait le budget général pour le soumettre ensuite au ministre.

Costume et cérémonies.

Il importe à la dignité du Muséum que cet établissement soit, comme les autres corps savants, tels que les Facultés, le collége de France, l'Institut, etc., convenablement représenté dans les occasions solennelles ; d'un autre côté, la propreté de certains services demande que les employés subalternes soient en tenue uniforme. Il n'est donc pas trop futile dans l'état présent de nos coutumes de faire entrevoir l'opportunité d'un costume pour différents employés du Muséum.

Aux séances et aux cérémonies publiques, le costume serait obligatoire pour tous les employés qui y assisteraient.

Un arrêté spécial du directeur, approuvé par le ministre, réglerait les détails relatifs au costume.

Observation.

Les détails dont il n'est pas parlé dans ce projet seraient exécutés comme ils le sont aujourd'hui, en ayant soin d'améliorer tout ce qui laisse à désirer sous le rapport de la régularité.

MUSÉES D'HISTOIRE NATURELLE ET JARDINS BOTANIQUES DES DÉPARTEMENTS.

Naguère les bibliothèques de Paris et des départements n'avaient entre elles aucun lien ; un certain nombre des bibliothèques de la province étaient même inconnues ; quelques-unes n'avaient pas de bibliothécaires, d'autres en avaient un plus ou moins incapable ; souvent elles étaient sans catalogue régulier ; on ignorait ce qu'elles pouvaient renfermer de richesses, ce qu'elles avaient de superflu et ce qu'elles réclamaient ; parfois les livres et les archives étaient entassés les uns sur les autres , sans ordre , dans un local peu convenable , et abandonnés à la poussière , aux rats ou à la probité plus ou moins douteuse du gardien (1). Telle était la physionomie que présentaient les biblio-

(1) Nous avons même vu un bibliothécaire qui brûlait les archives

thèques en France, lorsqu'on voulut remédier à tant d'inconvénients, dans l'intérêt des collections, comme dans celui de l'étude sérieuse et de la propagation de l'instruction.

Un travail sur les bibliothèques fut demandé; des élèves de l'école des Chartes furent envoyés dans les principales bibliothèques, et un inspecteur fut spécialement chargé de recueillir et de coordonner tous les documents nécessaires à une organisation générale. Dès lors seulement les bibliothèques commencèrent à être rattachées à un système d'unité. Nous ignorons si le but qu'on s'était proposé a été complètement atteint; mais toujours est-il que d'importantes améliorations ont eu lieu.

Hé bien! ce qui a été reconnu utile et mis à exécution pour les bibliothèques ne devrait-il pas être essayé pour les musées d'histoire naturelle et les jardins des plantes? du moins ne serait-il pas rationnel de prendre pour les musées une mesure analogue à celle qui a été prise pour les bibliothèques?

Si les bibliothèques se trouvaient naguère dans un état déplorable, les musées présentent une physionomie bien plus triste. Beaucoup de départements n'ont jamais possédé de collections d'histoire naturelle ni de jardin botanique; d'autres en ont eu autrefois, mais aujourd'hui il n'en reste plus que le souvenir. Les collections qui existent maintenant dans des locaux spéciaux ou non, peuvent être classées en trois catégories : 1° celles qui offrent des suites nombreuses, des objets d'une certaine valeur, et où il y a plus ou moins d'ordre (musées de Lyon, de Caen, de Douai, de Strasbourg, etc., etc.); 2° celles qui sont peu riches, très incomplètes et qui sont mal tenues (musées de Grenoble, du Mans, etc); 3° celles qui sont tellement pauvres, tellement en désordre qu'on ne devrait les mentionner que pour mémoire (cabinets de Napoléon, de Quimper, et autres villes plus ou moins importantes).

Les collections des facultés, des jardins botaniques, etc., offrent à peu près le même aspect. Or, s'il en est ainsi des collections qui appartiennent à des établissements supérieurs, que doit-il en être de celles des écoles, des collèges, etc.? Aussi un grand nombre de collections disparaissent ou se détériorent à

des anciens comtes d'Apremont, parce que, disait-il, ces papiers étaient trop vieux et ne serviraient pas.

mesure que d'autres s'enrichissent, et sont, par conséquent, sans bénéfice pour l'instruction ; souvent même elles la faussent par les erreurs qu'elles renferment. Il en est, enfin, qui deviennent très défectueuses avec leur développement, faute d'intelligence et de soins.

Au reste, pour avoir une idée de l'état des collections en province, il suffit de consulter les demandes qui sont adressées au Muséum d'histoire naturelle de Paris : non-seulement le Muséum ignore ce que possèdent les établissements départementaux et ce qui leur est nécessaire, mais encore les conservateurs de ces collections, les personnes qui demandent sont dans la même ignorance ; et, si des envois sont faits, il arrive parfois que, peu de temps après, ils sont entièrement perdus, échantillons, catalogues, étiquettes, etc. Il serait très facile d'ajouter d'autres détails pour montrer toute l'étendue du désordre qui règne dans les collections départementales ; mais évidemment une pareille énumération est inutile.

Il résulte donc des réflexions précédentes qu'il serait nécessaire d'apporter un remède à l'état actuel des choses. Or, ce serait une *organisation toute nouvelle* qu'il faudrait entreprendre, et il faudrait la subordonner à deux buts pratiques : l'un pour la science *pure*, l'autre pour la science *appliquée*.

Sous le rapport de la science pure, entre autres motifs, on peut rappeler les suivants. Aujourd'hui l'étude de l'histoire naturelle est pour ainsi dire abandonnée en France ; sauf les connaissances élémentaires que l'on acquiert dans les colléges, et celles qui sont indispensables aux professeurs, aux ingénieurs, aux médecins, etc., on doit avouer que les sciences naturelles sont très négligées : c'est ce que témoigne le petit nombre des auditeurs des cours ; car, si l'on exceptait quelques étudiants et quelques personnes oisives (qui par manie suivent tous les cours, mais qui ne profitent d'aucun d'eux), le nombre des auditeurs sérieux serait tellement réduit, qu'on pourrait dire qu'il n'y a pas d'élèves en histoire naturelle. D'un autre côté, on ne voit plus aujourd'hui, comme autrefois, de ces riches amateurs, ni de ces collections particulières où le savant trouvait souvent matière, sinon à des découvertes importantes, du moins à des recherches précieuses. Aussi les marchands d'histoire naturelle ont-ils disparu avec les collections particulières, et les objets rares ou nouveaux vont-ils chercher des acheteurs dans les pays étrangers! Au contraire, la chimie qui offre un côté pratique et des ressources aux élèves, est cultivée avec ardeur. Si les musées de Paris et des départements étaient appropriés aux exigences de notre époque, si les sciences naturelles présentaient une carrière à un certain nombre de jeunes gens, et si l'on y entrevoyait un côté utile, certes les cours seraient plus suivis, des naturalistes sérieux se formeraient et les progrès de la science y gagneraient ; enfin, le véritable but des sciences étant plus généralement connu, les réformes scholastiques rencontreraient moins d'obstacles dans la société.

Sous le rapport de la science appliquée on sait combien sont indispensables les collections pour faire connaître aux yeux, pour graver dans la mémoire les matières premières qui sont décrites dans les livres, ou indiquées dans le commerce, l'agriculture et l'industrie. Tous les jours les navigateurs pourraient rendre des services à notre pays, et les industriels, les agriculteurs, etc., pourraient augmenter les richesses de la France, s'ils avaient les moyens d'étudier et de comparer les minéraux et les roches utiles, exploités ou employés dans les arts et l'agriculture (tels que les minerais, les pierres précieuses, les pierres à polir, les pierres de constructions, les amendements, etc.); les bois, les plantes pour la teinture, la filature, l'alimentation, les dessins de fabrique, les objets d'arts, etc.; les animaux utiles et les matières qu'ils fournissent (telles que cornes, plumes, peaux, etc.). Sous un point de vue général il est évident que les notions d'histoire naturelle étant plus répandues chez les agriculteurs et les industriels, l'agriculture et l'industrie feraient des progrès plus rapides. Mais au nombre des questions les plus importantes à étudier se trouvent, sans contredit, celles de la naturalisation des végétaux utiles et de la multiplication de certaines espèces, celles de l'acclimatation et du croisement de certains animaux. Or, ces questions importantes comprennent deux sortes d'études essentiellement distinctes: l'une de science appliquée, l'autre d'économie pratique; la première rentre naturellement dans les attributions du ministère de l'instruction publique, l'autre dans celles du ministère de l'agriculture et du commerce. En effet, dans les musées, dans les ménageries et dans les jardins botaniques, les études premières seraient faites avec toutes les ressources de la science ; les observations seraient suivies, soigneusement enregistrées, judicieusement comparées par les maîtres de la science ; et lorsqu'on aurait constaté des possibilités suffisantes, les résultats seraient transmis au ministère de l'agriculture et du commerce, qui ensuite aviserait aux moyens de résoudre sur une échelle convenable les questions pratiques, soit dans des haras, soit dans des pépinières, des fermes-modèles, etc. Déjà des expériences ont été faites à Paris avec tout le soin et tout le savoir désirables ; mais il est évident que le Muséum est insuffisant pour étudier complétement de pareilles questions, même scientifiquement ; car telle plante, tel animal, qui ne pourrait pas se naturaliser, se croiser, etc., à Paris, sous d'autres conditions de climat, de nourriture, etc., offrirait des résultats différents ; ou bien les essais qui auraient réussi, avec les plus grandes précautions, à Paris, ne réussiraient pas ailleurs, faute des avantages que le Muséum réunirait ; etc.

Il s'agirait donc d'organiser régulièrement les musées de la province, suivant les ressources, les conditions et les besoins des localités, l'importance des villes, la nature des études, des industries, etc.; puis de rattacher tous ces musées à une direction centrale, qui serait au Muséum d'histoire naturelle de Paris, par l'intermédiaire du ministère de l'instruction publique. Or, l'organisation fondamentale du Muséum lui-même se prête-t-elle à ce nouvel ordre de choses ? Si l'on consulte les lettres patentes, et les règlements concernant le Muséum, du 6 *juillet* 1626, de 1640, du 7 *janvier* 1699, du 9 *mai* 1708, du 31 *mars* 1728, etc.; si l'on consulte enfin le décret de la Convention nationale du 10 *juin* 1793, on aura une réponse affirmative, et l'on verra qu'il y aurait peu à modifier dans cet établissement pour l'approprier convenablement aux besoins actuels.

Deux ou trois citations suffiront pour convaincre de cette vérité. Le premier article du décret de 1793 porte : que le principal but du Muséum est l'enseignement de l'histoire naturelle, *appliquée principalement à l'avancement de l'agriculture, du commerce et des arts.* Le titre IV organise la *correspondance du Muséum avec tous les établissements analogues placés dans les divers départements.* Cette correspondance doit avoir pour objet *les plantes nouvellement cueillies et découvertes, la réussite de leur culture, les minéraux et végétaux qui seront découverts, et généralement tout ce qui peut intéresser les progrès de la science.* Dans le chapitre II, art. 1er d'un règlement dépendant du décret de la Convention nationale, il est dit que le programme des cours sera communiqué à tous les directoires des départements, quarante jours avant l'ouverture du premier; que dans le cours de culture le professeur démontrera les plantes propres à la nourriture de l'homme et des animaux domestiques *dans les écoles qui leur seront destinées*; que dans le cours de zoologie on portera son attention sur les *espèces encore inconnues ou non existantes en France, et qu'il serait possible et avantageux d'y naturaliser*; que dans la ménagerie on cherchera à *acclimater, multiplier et distribuer les espèces utiles;* etc., etc.

En rendant ainsi plus pratique le Muséum d'histoire naturelle de Paris, on détruirait l'idée que le public s'est formée de cet établissement supérieur, et nécessaire à la prospérité, à la grandeur de la France : car, au lieu de collections d'objets de simple curiosité, il y verrait un but scientifique et un but d'utilité pratique. D'un autre côté, le Muséum acquerrait une nouvelle importance en devenant le centre des établissements analogues; il formerait des élèves qui, après des examens, seraient aptes à devenir directeurs des musées de provinces, où ils seraient chargés de suivre les expériences utiles; élevés à bonne école, on aurait en eux des hommes capables de comprendre les instructions et de fournir des documents certains. Par cette mesure, les cours des professeurs seraient nécessairement suivis, et l'histoire naturelle, trop abandonnée aujourd'hui, serait à jamais cultivée, puisqu'elle ouvrirait une carrière aux naturalistes. Des échanges précieux s'établiraient : les collections du Muséum de Paris et la science y gagneraient certainement beaucoup.

Outre les collections générales, plus ou moins étendues et plus ou moins spéciales suivant les besoins des localités, le musée de chaque département comprendrait toutes les productions naturelles du département, classées par communes ou cantons, ou bien méthodiquement, et enfin une collection particulière des objets employés dans le département.

Il serait probablement nécessaire d'établir plusieurs musées dans quelques départements, à moins de placer le musée dans la ville la plus importante. Par exemple, les villes maritimes, telles que Toulon, Brest, le Hâvre, etc., exigeraient des musées (qui, du reste, existent déjà en partie); les grandes villes industrielles, telles que Saint-Étienne, Mulhouse, Valenciennes, etc., en demanderaient également; Hyères réclamerait un jardin botanique; etc.

Il est impossible au moyen d'une simple note d'entrer dans les développements qu'exigerait une question aussi importante que celle de l'organisation utile des musées en France; mais les considérations qui précèdent suffiront aux esprits élevés pour apprécier toute la portée de la question et pour la faire étudier immédiatement à fond.

Organisation du service.

Pour organiser régulièrement les établissements départementaux et leur service on suivrait la marche indiquée ci-après.

Le conseil du Muséum rédigerait des instructions détaillées; le directeur adresserait ces instructions, suivies des observations des inspecteurs départementaux, avec son avis, au ministre qui soumettrait toutes les pièces au conseil supérieur.

Des instructions définitives étant arrêtées en conseil supérieur, le ministre les enverrait avec une circulaire explicative au préfet de chaque département. Le préfet, en adressant copie de toutes les pièces aux directeurs des musées et jardins de son département, leur demanderait une notice sur l'état présent de ces établissements, sur leurs besoins et leurs ressources. Puis, muni de ces documents, le préfet formerait à la préfecture une commission composée ainsi qu'il suit, selon les départements : préfet ou son délégué; deux membres du conseil général; maire et adjoints du chef-lieu; un membre de chaque société savante, comice ou chambre de commerce et d'industrie; recteur ou un inspecteur d'Académie délégué; professeurs d'histoire naturelle et doyens des Facultés des sciences et de médecine; directeurs, conservateurs et professeurs des musées et jardins; proviseur ou principal et professeur d'histoire naturelle du collége; directeurs des écoles spéciales et professeurs d'histoire naturelle de ces écoles. Le préfet ou son délégué serait président, et le moins âgé des directeurs des musées ou jardins serait secrétaire de cette commission.

Le préfet soumettrait toutes les pièces à la commission ; celle-ci formulerait ses opinions, les besoins et les ressources ; désignerait les établissements à reconnaître ou à former comme succursales du Muséum ; indiquerait tous leurs détails et l'étendue du concours du département ou des villes.

La commission remettrait un rapport détaillé au préfet, qui le transmettrait ensuite au ministre, avec son avis.

Le ministre adresserait ce rappport, avec l'avis du préfet, au directeur du Muséum, qui demanderait l'avis du conseil du Muséum. Puis il remettrait, aux inspecteurs départementaux, le rapport, avec les divers avis, les instructions et la circulaire envoyées par le ministre au préfet. Les inspecteurs départementaux chargés chacun d'un certain nombre de départements, partiraient pour leurs départements respectifs.

L'inspecteur départemental demanderait communication au préfet de toutes les pièces relatives aux établissements à fonder ou à réorganiser ; puis il ferait une inspection pour s'éclairer sur toutes les questions. Après cette inspection, il demanderait au préfet de convoquer la commission départementale, aux séances de laquelle il assisterait pour faire ses observations sur les projets.

La commission départementale ayant discuté et arrêté les projets, l'inspecteur adresserait ces projets et un rapport au directeur du Muséum, qui demanderait l'avis du conseil du Muséum. Toutes les pièces, avec les avis du conseil et du directeur, seraient ensuite envoyés au ministre, qui les soumettrait au conseil supérieur. Ce conseil arrêterait définitivement les projets, et le ministre, après les avoir approuvés, les adresserait au préfet, qui prendrait, avec les conseils général ou municipal, les mesures nécessaires pour l'exécution.

Service ordinaire des musées et jardins départementaux organisés.

Les musées et jardins départementaux étant organisés, d'après les projets élaborés et arrêtés comme il a été dit ci-dessus, il ne resterait plus qu'à suivre leur service ordinaire. A cet effet, outre les employés de ces établissements, il y aurait pour veiller à la régularité de leur service et à leur progrès : 1° Les inspecteurs départementaux qui feraient des tournées pour inspecter les établissements et pour prendre les avis des autorités ; 2° la commission départementale, ou une partie de cette commission, qui deviendrait alors une commission de surveillance et de perfectionnement.

Rapports du Muséum avec les établissements départementaux.

Parmi les rapports que le Muséum établirait avec les musées d'histoire naturelle et les jardins botaniques des départements, on peut indiquer les suivants. Le conseil du Muséum dresserait les listes des objets nécessaires à ces établissements, selon leur importance et leur nature ou leur but, tant pour les collections générales que pour les collections spéciales.

Il enverrait des instructions et des objets d'histoire naturelle ; il indiquerait les observations et les expériences à faire ; il déterminerait la nature et le mode d'enseignement ; il adresserait le résultat de ses travaux ; il demanderait des renseignements pour les voyageurs et les chargés de missions ; enfin, il éclairerait les établissements départementaux sur le choix de leurs employés.

De leur côté, les établissements départementaux adresseraient au Muséum des rapports annuels sur les résultats de leurs travaux ; ils lui demanderaient des instructions et tout ce qui pourrait concourir à leur progrès ; ils enverraient au Muséum une collection générale des richesses naturelles du département.

Rapports des établissements principaux avec les établissements secondaires des départements.

Les établissements principaux et les établissements secondaires des départements établiraient entre eux des rapports analogues à ceux qui existeraient entre le Muséum et les établissements principaux des départements. En sorte que les établissements principaux des départements étant des succursales du Muséum, les établissements secondaires seraient respectivement des succursales des établissements principaux des départements.

Nominations des principaux employés des établissements
départementaux.

Nous avons précédemment indiqué comment pourraient être nommés les directeurs, conservateurs et professeurs des établissements principaux des départements. Mais pour être, à l'avenir, admissible à ces emplois il faudrait justifier de certains titres. Ainsi pourraient être candidats aux emplois de directeur, de conservateur et de professeur : les préparateurs du Muséum, après trois années de service; les voyageurs du Muséum, après trois années de service; les chargés de missions, après trois années de service; les élèves du Muséum qui auraient obtenu le diplôme; les licenciés ès-sciences naturelles; les docteurs en médecine, et à plus forte raison les personnes qui seraient admissibles à des emplois du Muséum, supérieurs à ceux des candidats précités.

Inspecteurs départementaux.

D'après tout ce qui précède, on voit qu'il serait indispensable d'instituer, auprès du Muséum, un ou deux inspecteurs départementaux.

Les inspecteurs départementaux dépendraient du Muséum de Paris; mais il ne relèveraient que du directeur.

Ils feraient, pendant six mois de l'année, des tournées dans les départements. Si l'on instituait deux inspecteurs, la France serait divisée en deux parties, et chacun des inspecteurs serait chargé de l'une de ces parties.

L'inspecteur départemental inspecterait les établissements de la province, rattachés ou qui pourraient être rattachés au Muséum; il rédigerait des rapports détaillés, qu'il remettrait au directeur du Muséum; et ce dernier les adresserait ensuite au ministre, avec ses observations et celles du conseil du Muséum. Ces rapports comprendraient particulièrement la situation des établissements, leurs besoins, leurs ressources, leurs progrès, les améliorations à y apporter, leur personnel, leur enseignement, les observations faites, les expériences tentées, les relations des établissements départementaux entre eux, le concours des autorités locales, les vœux exprimés par les départements, etc.

L'inspecteur départemental surveillerait l'exécution des instructions du Muséum, ainsi que les décisions du ministre et des autorités locales. Il serait en outre chargé des attributions qui ont été indiquées précédemment. L'inspecteur départemental serait donc l'agent actif, permanent et intermédiaire entre le Muséum, les établissements départementaux et les autorités locales.

Le mode de nomination des inspecteurs départementaux a été déterminé précédemment.

Les appointements des inspecteurs départementaux seraient établis de la manière suivante : Minimum, 4,000 fr., maximum, 6,000 fr. En débutant ils auraient le minimum des appointements, qui augmenterait par année d'un dixième de la différence entre le minimum et le maximum, de manière à atteindre le maximum après dix années de service. Ils auraient en outre des frais de tournées à raison de dix francs par jour d'absence de Paris, et de quinze centimes par kilomètres parcourus. Après chaque tournée, ils dresseraient l'état de leurs frais qu'ils remettraient au directeur du Muséum.

A soixante ans, les inspecteurs départementaux seraient mis à la retraite, et recevraient la moitié de leurs appointements s'ils avaient été employés pendant vingt-cinq années au service du Muséum. Avant vingt-cinq années de service, les inspecteurs ne toucheraient pour retraite qu'une somme proportionnelle au nombre d'années de service, chaque année comptant pour un vingt-cinquième de la retraite maximum.

Paris. — Imprimerie LACOUR ET Cᵉ, rue Soufflot, 11, et rue Saint-Hyacinthe-Saint-Michel, 38.

www.ingramcontent.com/pod-product-compliance
Lightning Source LLC
Chambersburg PA
CBHW070833210326
41520CB00011B/2239